HEYNE ‹

Der Autor

Adrián Paenza, 1949 in Buenos Aires geboren, promovierte in Mathematik an der Universität von Buenos Aires, wo er am Institut für Mathematik lehrt. Zugleich arbeitet er als freier Journalist. Er war bereits für die wichtigsten argentinischen Radiosender und die fünf Fernsehsender des Landes tätig. Derzeit leitet er die Fernsehserie *Científicos Industria Argentina*. Er schreibt für verschiedene Zeitschriften und die Tageszeitungen *Clarín, Página/12 und La Nación*.

ADRIÁN PAENZA

Mathematik durch die Hintertür

**Das Schubfach-Prinzip,
der Vier-Farben-Satz und viele andere
Denkwürdigkeiten
aus der Welt der Zahlen**

Aus dem argentinischen Spanisch von
Nina und Israel Valenzuela Montenegro

WILHELM HEYNE VERLAG
MÜNCHEN

Die Originalausgabe

Matemática ... estás ahí?

erschien 2005 bei Siglo XXI Editores Argentina S.A.,
Buenos Aires

FSC

Mix

Produktgruppe aus vorbildlich
bewirtschafteten Wäldern und
anderen kontrollierten Herkünften

Zert.-Nr. SGS-COC-1940
www.fsc.org
© 1996 Forest Stewardship Council

Verlagsgruppe Random House FSC-DEU-0100
Das für dieses Buch verwendete
FSC-zertifizierte Papier *München Super*
liefert Mochenwangen.

Deutsche Erstausgabe 01/2008

Copyright © 2005 by Siglo XXI Editores Argentina S.A.
Copyright der deutschen Ausgabe © 2008 by
Wilhelm Heyne Verlag, München,
in der Verlagsgruppe Random House GmbH
www.heyne.de
Printed in Germany 2008
Redaktion: Nadine Mutz
Umschlaggestaltung: Eisele Grafik-Design, München
Umschlagillustration: Isabel Klett
Satz: C. Schaber Datentechnik, Wels
Druck und Bindung: GGP Media GmbH, Pößneck

ISBN: 978-3-453-60057-7

Ich widme dieses Buch meinen Eltern, Ernesto und Fruma, denen ich alles verdanke.
Meiner geliebten Schwester Laura.
Meinen Nichten und Neffen: Lorena, Alejandro, Máximo, Paula, Ignacio,
Brenda, Miguelito, Sabina, Viviana, Soledad, María José, Valentín,
Gabriel, Max, Jason, Whitney, Amanda,
Jonathan, Meagan und Chad.
Carlos Griguol.
Im Gedenken an meine Tanten Elena, Miriam und Delia sowie an Guido Peskin, León Najnudel, Manny Kreiter und Noemí Cuño.

Dank

An Diego Golombek: Ohne ihn hätte es dieses Buch nie gegeben.

An Claudio Martínez: Weil er der Erste war, der darauf drang, diese Geschichten im Fernsehen zu erzählen, und mich immer wieder dazu ermunterte.

An meine Schüler: Von ihnen habe ich gelernt zu lehren und verstanden, was Lernen bedeutet. An meine Freunde, weil es eben meine Freunde sind, weil sie mich lieben, und das ist das Einzige, was mir etwas bedeutet.

An Carmen Sessa, Alicia Dickenstein, Miguel Herrera, Baldomero Rubio Segovia, Eduardo Dubuc, Carlos D'Andrea, Cristian Czubara, Enzo Gentile, Ángel Larotonda und Luis Santaló.

An diejenigen, die das Manuskript gelesen und kritisiert haben, um es zu retten, wenn ich auch nicht weiß, ob es ihnen gelungen ist: Gerardo Garbulsky, Alicia Dickenstein und Carlos D'Andrea.

An Marcelo Bielsa, Alberto Kornblihtt, Víctor Hugo Morales und Horacio Verbitsky, für ihre ethische Gesinnung. Dank ihnen bin ich ein besserer Mensch.

Inhalt

Die Hand der Prinzessin

Jedes Mal, wenn ich einen kleinen Vortrag über Mathematik für ein nichtmathematisches Publikum halte, wähle ich einen ganz bestimmten Einstieg. Er ist immer gleich. Ich bitte um Erlaubnis, einen Text vorzulesen, den Pablo Amster geschrieben hat, ein exzellenter Mathematiker, Musiker sowie Experte der Kabbalah und eine außergewöhnliche Persönlichkeit.

Diese Geschichte benutzte Pablo in einem Mathematikkurs, den er für eine Gruppe Studenten der Schönen Künste in der Bundeshauptstadt Buenos Aires gab. Es handelt sich um einen wunderbaren Text, den ich Ihnen (mit seiner Erlaubnis) nicht vorenthalten will.

Hier ist er.

Der Titel lautet: »Die Hand der Prinzessin«.

Eine bekannte tschechische Zeichentrickserie erzählt in mehreren Folgen die Geschichte einer Prinzessin, um deren Hand sich eine große Zahl von Freiern streitet.

Ihre Aufgabe ist es, die Prinzessin zu überzeugen: Verschiedene Episoden zeigen die unterschiedlichsten und fantasievollsten Verführungsversuche.

11

So kommt ein Freier nach dem anderen und setzt verschiedene Mittel ein, die einen einfachere, die anderen wahrhaft großartige, aber keiner schafft es, die Prinzessin auch nur ein bisschen zu rühren.

Ich erinnere mich zum Beispiel an einen, der ihr einen Licht- und Sternenregen zeigt; an einen anderen, der einen majestätischen Flug vollbringt und den Raum mit seinen Bewegungen erfüllt. Nichts. Am Ende jeder Folge erscheint das Antlitz der Prinzessin, das niemals auch nur irgendeine Regung erkennen lässt.

Die letzte Folge der Serie liefert uns das unerwartete Ende: Im Gegensatz zu den Wunderwerken, die seine Vorgänger darboten, holt der letzte Freier bescheiden eine Brille unter seinem Umhang hervor, die er der Prinzessin zur Anprobe reicht: Sie setzt sie auf, lächelt und bietet ihm ihre Hand.

*   *   *

Die Geschichte ist über alle möglichen Interpretationen hinaus sehr reizvoll, und jede einzelne Episode birgt eine große Schönheit. Doch erst die Auflösung am Schluss gibt uns das Gefühl, dass alles richtig ausgeht.

In der Tat haben wir es hier mit einem interessanten Spannungsaufbau zu tun, der uns an einem gewissen Punkt glauben lässt, dass nichts *die Prinzessin jemals zufrieden stellen wird.*

Mit dem Fortschreiten der Serie und der folglich immer größeren Erschöpfung der Verführungskunst ärgern wir uns über diese unersättliche Prinzessin. Was für ein Wunder erwartet sie denn noch? Bis wir plötzlich begreifen: Die Prinzessin zeigte deshalb keine Regung vor den dargebrachten Wundern, weil sie sie nicht sehen konnte.

Da also lag das Problem. Klar. Hätte uns die Erzählung bereits an früherer Stelle in die Umstände eingeweiht, hätte uns das Ende nicht überrascht. Wir hätten die Schönheit der Bilder zwar genauso bewundert, die Bewerber und ihre vielfältigen Verführungsversuche aber ein bisschen dumm gefunden, zumal wir *ja gewusst hätten, dass die Prinzessin kurzsichtig ist.*

Wir wissen es aber nicht: Wir gehen davon aus, dass der Fehler bei den Freiern liegt, die anscheinend zu wenig bieten. Der letzte Bewerber, der vom Scheitern der anderen weiß, macht Folgendes: Er ändert die Sichtweise auf die Sache. Er betrachtet das Problem auf andere Art und Weise.

Hättet ihr [Pablo spricht hier zu den Studenten der Schönen Künste] *vorher nicht gewusst, worum es bei diesem Kurs geht, wärt ihr jetzt vielleicht überrascht, so wie ihr über das Ende der Geschichte überrascht wart: Wir werden über Mathematik sprechen oder sind bereits mittendrin.*

Über Mathematik zu sprechen bedeutet allerdings nicht nur, den Lehrsatz des Pythagoras zu beweisen: Es bedeutet auch, über Liebe zu sprechen und Geschichten über Prinzessinnen zu erzählen. Auch in der Mathematik gibt es Schönheit. Wie der Dichter Fernando Pessoa sagte: »Das Newtonsche Binom ist ebenso schön wie die Venus von Milo; das Problem ist nur, dass es nur sehr wenige Leute bemerken.«

Nur sehr wenige Leute bemerken es … Daher das Märchen von der Prinzessin; weil das Problem, wie der letzte Freier erahnt, darin besteht, dass »man das Interessanteste in diesem Land nicht sieht« (Henri Michaux, Im Lande der Zauberei).

Ich habe mich oft in der gleichen Position wie diese ersten Bewerber gefühlt. Ich war immer darum bemüht, die schönsten mathematischen Probleme darzustellen, aber in einem Großteil der Fälle, muss ich zugeben, trafen meine leidenschaftlichen Versuche nicht auf die erwartete Reaktion.

Diesmal werde ich versuchen, es dem bescheidenen Bewerber der letzten Folge gleichzutun. Über Mathematik, nach Whitehead »die originellste Schöpfung des menschlichen Geistes«, gibt es einiges zu sagen. Daher dieser Kurs. Nur dass auch ich heute die Dinge lieber von dieser anderen Seite her betrachte und euch zunächst einmal eine Geschichte erzähle …

Diese Darstellung von Pablo Amster verweist unmittelbar auf den Kern dieses Buches: eine Reihe von Geschichten zu erzählen, frei zu denken, wagemutige Vorstellungen zu entwickeln und stehen bleiben zu können, wenn man auf etwas stößt, das einen begeistert. Diese Punkte aber auch zu suchen. Nicht nur darauf zu warten, dass sie von selbst kommen. Darin liegt der Zweck dieser Zeilen: Sie zu begeistern, zu bewegen, zu verführen, sei es durch die Mathematik oder eine Geschichte, die Sie noch nicht kannten. Ich hoffe, dass es mir gelingt.

Zahlen

Große Zahlen

Große Zahlen? Ja. Große. Schwer vorstellbare. Man hört, dass sich die externe Verschuldung im Milliardenbereich bewegt, die Sterne am Himmel Lichtjahre von der Erde entfernt sind, ein DNA-Molekül drei Milliarden Nukleotide enthält, die Oberfläche der Sonne eine Temperatur von 6.000 Grad Celsius hat usw. Ich bin sicher, dass jeder, der diesen Absatz liest, seine eigenen Beispiele hinzufügen kann.

Was ich mit diesen unfassbaren Größen mache, ist, sie mit etwas zu vergleichen, sie etwas gegenüberzustellen, das ich mir leichter vergegenwärtigen kann.

Es gibt auf der Welt mehr als 6 Milliarden Menschen. Tatsächlich sind wir (im August 2005) schon mehr als 6,3 Milliarden. Das erscheint viel. Aber was ist viel? Mal sehen. Was ist der Unterschied zwischen einer Million und einer Milliarde (außer dass Letztere drei Nullen mehr hat)? Um das Ganze in ein anschauliches Verhältnis zu setzen, verwandeln wir sie in Sekunden. Nehmen wir zum Beispiel an, dass in einem Dorf, in dem die Zeit nur in Sekunden gemessen wird, eine Person angeklagt wird, ein Verbrechen begangen zu haben. Staatsanwalt und Verteidiger treten vor den Richter, der über den Fall entscheidet. Der Staatsanwalt fordert »eine Milliarde Sekunden für den Angeklagten«. Der Verteidiger bezeichnet ihn als »verrückt« und ist lediglich bereit, »eine Million Sekunden« zu akzeptieren, »und nur als symbolischen Akt«. Der Richter, der daran gewöhnt ist, die Zeit auf diese Art zu messen, weiß, dass der Unterschied gewaltig ist. Verstehen Sie, warum?

Denken Sie so: Eine Million Sekunden sind ungefähr elfeinhalb Tage, eine Milliarde Sekunden dagegen fast … 32 Jahre!

Dieses Beispiel zeigt, dass wir im Allgemeinen keine Vorstellung davon haben, was die Zahlen bedeuten, nicht einmal in unserem täglichen Leben. Kehren wir zum Thema der Weltbevölkerung zurück. Wenn es sechs Milliarden Menschen auf der Erde gibt und wir von jedem ein Foto in ein Buch kleben würden, zehn Personen pro Seite, bei einer Blattstärke von einem Zehntel Millimeter und beidseitiger Beklebung … wäre das Buch 30 Kilometer hoch! Und wenn ferner jemand sehr viel Spaß daran hätte, Fotos anzuschauen, dafür eine Sekunde pro Seite bräuchte und jeden Tag 16 Stunden darauf verwenden würde, bräuchte er achtundzwanzigeinhalb Jahre, um sie alle zu sehen. Wenn er jedoch im Jahr 2033 ans Ende käme, hätte das Buch schon an Größe zugenommen, weil es bereits zwei Milliarden Menschen mehr gäbe und das Buch zehn Kilometer dicker wäre.

Wir können uns auch überlegen, wie viel Platz wir bräuchten, um uns alle an einem Ort zu versammeln. Der Staat Texas (der flächenmäßig größte US-amerikanische

Staat, ausgenommen Alaska) könnte die gesamte Weltbevölkerung aufnehmen. Ja. Texas besitzt eine bewohnbare Fläche von ungefähr 420.000 Quadratkilometern. Das heißt, wir könnten uns alle in Texas versammeln, und jeder hätte noch eine Parzelle von 70 Quadratmetern zum Leben. Nicht schlecht, oder?

Oder stellen wir uns vor, wir würden uns alle hintereinander aufstellen, und jede Person hätte eine Platte von 30 Quadratzentimetern. Auf diese Weise bildete die gesamte Menschheit eine Schlange von mehr als 1.680.000 Kilometern. Damit könnten wir den Erdball am Äquator 42 Mal umrunden.

Was wäre, wenn wir uns alle in Kinoschauspieler verwandeln und einen Film mit uns als Stars drehen würden? Gesetzt den Fall, jeder von uns würde nur 15 Sekunden auf der Leinwand auftauchen (das heißt, etwas mehr als sieben Meter Zelluloid pro Person), bräuchte man ungefähr 40 Millionen Kilometer Negative! Wollte sich jemand diesen Film ansehen, müsste er 23.333.333 Stunden lang im Kino sitzen, das heißt 972.222 Tage, also ungefähr 2.663 Jahre. Und dabei dürften wir weder schlafen noch essen noch sonst irgendetwas anderes tun. Mein Vorschlag wäre, dass wir uns aufteilen und später treffen, um uns das Beste daraus zu erzählen.

Mehr über große Zahlen: das Gewicht eines Schachbretts

Hier noch ein weiteres Beispiel, eines, das jeder kennt, der das exponentielle Wachstum erläutern und seine Gesprächspartner in Erstaunen versetzen will, indem er ihnen zeigt, wie die Zahlen auf eine … ja, exponentielle Art wachsen.

Ursprünglich lautet die Geschichte so: Ein König möchte einen Untertanen, der ihm einen Dienst erwiesen und auf diese Weise das Leben gerettet hat, mit Reiskörnern belohnen. Der Untertan aber erklärt, sein einziger Wunsch sei, dass der König Reiskörner auf ein Schachbrett lege, und zwar eins auf das erste Feld, zwei auf das zweite, vier auf das dritte, acht auf das vierte, 16 auf das fünfte, 32 auf das sechste und so weiter, immer die doppelte Anzahl, bis alle Felder des Schachbretts mit Reiskörnern belegt sind – da stellt der König fest, dass die Reiskörner seines gesamten Königreichs nicht ausreichen (nicht einmal die der gesamten umliegenden Königreiche), um die Bitte seines »Retters« erfüllen zu können.

Wir werden das Beispiel jetzt ein wenig aktualisieren. Nehmen wir an, der Untertan hätte statt Reiskörnchen Goldklümpchen zu je einem Gramm verlangt. War der König im Fall der Reiskörnchen bereits an die Grenzen seiner Macht gestoßen, so wäre es ihm mit den Goldklümpchen ganz offensichtlich noch schlimmer ergangen. Die Frage, die ich stellen will, ist aber eine ganz andere: Gesetzt den Fall, der König hätte erfüllen können, was man von ihm erbat – wie viel würde das Schachbrett dann wiegen? Das heißt, angenommen, man könnte auf das Brett die Menge an Goldklümpchen legen, die der Untertan ihm angezeigt hatte, wie könnten sie das Schachbrett dann noch heben? Und wenn er sich außerdem nur ein Goldklümpchen pro Sekunde in die Tasche stecken könnte, wie lange würde er brauchen?

Da ein Schachbrett 64 Felder hat, ergäbe das eine Trillion Goldklümpchen! Natürlich werden die Zahlen hier wieder verwirrend, da man nicht die leiseste Vorstellung davon hat, was »eine Trillion« irgendeines Objektes bedeutet. Vergleichen wir das Ganze also mit etwas, das uns vertrauter ist. Wenn, wie wir vorher gesagt haben, jedes Goldklümpchen nur ein Gramm wiegt, stellt sich die Frage: *Wie viel ist eine Trillion Gramm?*

Sie entspricht einer Billion Tonnen. Auch das ist ein Problem, denn wer hat schon jemals »eine Billion von irgendetwas« gehabt? Dieses Gewicht entspräche vier Milliarden Flugzeugen Typ Boeing 777 mit je 440 Passagieren an Bord, plus Besatzung und Treibstoff für 20 Stunden! Und wenn wir damit auch ein wenig weitergekommen sind, könnte man sich doch immer noch fragen, wie viel *vier Milliarden von irgendetwas* ist.

Und wie lange bräuchte man, um sich alle Goldklümpchen in die Tasche zu stecken, wenn man dies mit der *superschnellen* Geschwindigkeit von einem Goldklümpchen pro Sekunde tun könnte? Es würde wieder eine Trillion Sekunden dauern. Aber wie viel ist eine Trillion Sekunden? Womit könnten wir diese Zahl vergleichen, damit sie uns vertrauter wird? Zum Beispiel könnten wir uns vergegenwärtigen, dass wir mehr als hundert Milliarden Jahre bräuchten. Ich weiß nicht, wie es Ihnen geht, aber ich habe etwas anderes mit meiner Zeit vor.

Atome im Universum

Nur als Kuriosität, und um *noch eine ungeheure Zahl* zu zeigen, stellen Sie sich vor, dass es im Universum vermutlich 2^{300} Atome gibt. Wenn 2^{10} ungefähr 10^3 ist, dann ist 2^{300} ungefähr 10^{90}. Ich schreibe das, um sagen zu können: Im Universum gibt es so viele Atome, dass man eine *Eins* mit *90 Nullen* erhält.

Was ist ein Lichtjahr?

Ein Lichtjahr ist eine Entfernungs- und keine Zeiteinheit. Es misst die Entfernung, die das Licht in einem Jahr zurücklegt. Um dies in die richtige Perspektive zu setzen, sagen wir, die Lichtgeschwindigkeit beträgt 300.000 Kilometer pro Sekunde. Wenn wir diese Zahl mit 60 multiplizieren (um sie in Minuten umzurechnen), ergibt das 18.000.000 km pro *Minute*. Dann, wieder mal 60 genommen, haben wir 1.080.000.000 Kilometer pro *Stunde* (eine Milliarde achtzig Millionen Kilometer pro Stunde). Mit 24 multipliziert kommt heraus, dass das Licht 25.920.000.000 km (25 Milliarden Kilometer *an einem Tag*) zurücklegt.

Wenn wir das schließlich mal 365 Tage nehmen, beträgt ein Lichtjahr (das heißt die Distanz, die das Licht pro Jahr zurücklegt) – ungefähr – 9.460.000.000.000 (fast *neuneinhalb Billionen*) Kilometer.

Daher sollten Sie jedes Mal, wenn Sie gefragt werden, wie viel ein Lichtjahr ist, überzeugt antworten, dass es eine Methode ist, eine Entfernung (eine große, aber dennoch eine Entfernung) zu messen und dass sie fast neuneinhalb Billionen Kilometer beträgt. Sehen Sie, das ist weit.

Interessante Zahlen

Ich werde jetzt aufzeigen, dass *alle natürlichen Zahlen »interessante« Zahlen sind.* Als Erstes stellt sich natürlich die Frage: Was soll das heißen, dass eine Zahl *interessant* ist? Sagen wir, eine Zahl ist interessant, wenn sie einen gewissen Reiz hat, etwas, das sie auszeichnet, etwas, womit sie es verdient, sich von den anderen abzusetzen; dass sie irgendeine Verzierung oder Besonderheit hat. Ich glaube, Sie wissen schon, was ich mit *interessant* meine. Hier der Beweis.

Die Zahl Eins ist interessant, weil sie die allererste ist. Sie zeichnet sich durch die Tatsache aus, dass sie die kleinste aller natürlichen Zahlen ist.

Die Zahl Zwei ist in zweifacher Hinsicht interessant: Sie ist die erste gerade Zahl, und sie ist die erste Primzahl.[1]

Ich glaube, dass wir sie mit diesen beiden Argumenten bereits hervorheben können.

Die Zahl Drei ist ebenfalls interessant, weil sie die erste ungerade Primzahl ist (um nur einen Grund zu nennen).

Die Zahl Vier ist interessant, weil sie eine *Potenz von zwei* ist.

Die Zahl Fünf ist interessant, weil sie eine Primzahl ist.

An dieser Stelle sollten wir uns darauf einigen, dass das Merkmal Primzahl schon ausreicht, um eine Zahl *ohne weitere Argumente als interessant* zu betrachten.

Gehen wir noch ein bisschen weiter.

Die Zahl Sechs ist interessant, weil sie die erste zusammengesetzte Zahl (also *keine Primzahl*) ist, die *keine*

---

1 Wie wir später sehen werden, sind die Primzahlen diejenigen Zahlen, die nur durch eins und durch sich selbst teilbar sind.

Potenz von zwei ist. Erinnern Sie sich daran, dass die erste zusammengesetzte Zahl, die auftauchte, die Vier war, aber die ist eine Potenz von zwei.

Die Zahl Sieben ist interessant, und es bedarf keiner weiterer Argumente, da sie eine Primzahl ist.

Und so könnten wir immer weitermachen. Was ich gemeinsam *mit Ihnen beweisen* möchte, ist: »*Jede beliebige* positive ganze Zahl verfügt immer, wirklich immer über ein Merkmal, das sie ›interessant‹ oder ›attraktiv‹ oder ›unterscheidbar‹ macht.«

Wie könnte man vorgehen, um dies bei allen Zahlen zu beweisen, wenn sie doch unendlich sind? Nehmen wir an, dem wäre nicht so. Nehmen wir an, es gäbe Zahlen, die wir als uninteressant bezeichnen. Diese Zahlen legen wir in eine Tasche (die Tasche ist nicht leer). Damit haben wir eine Tasche voll uninteressanter Zahlen. Das führt uns jedoch zu einem Widerspruch. Da alle Zahlen in dieser Tasche *natürliche*, das heißt *positive ganze Zahlen* sind, muss es ein erstes Glied geben, sprich, eine Zahl, die kleiner ist als alle anderen. Das macht die erste vermeintlich *uninteressante* Zahl aber bereits *interessant*. Das Argument, dass sie *die erste aller uninteressanten Zahlen* wäre, ist mehr als ausreichend, um sie als *interessant* zu bezeichnen. Finden Sie nicht? Der Irrtum besteht also bereits in der Annahme, es gäbe so etwas wie *uninteressante* Zahlen. Dem ist nicht so. Die Tasche (die mit den *uninteressanten* Zahlen) kann gar keine Elemente enthalten, denn sonst müsste irgendeines das erste sein, wodurch eine Zahl *interessant* würde, die eigentlich *uninteressant* sein müsste, weil sie in der Tasche ist.

➜ **Fazit:** »Jede natürliche Zahl IST interessant.«

Wie man einen Beratervertrag erhält, indem man ein wenig Mathematik benutzt

Man kann sich ohne weiteres als Wahrsager oder als jemand ausgeben, der darauf spezialisiert ist, die Zukunft vorherzusagen oder Vermutungen darüber anzustellen, was an der Wertpapierbörse geschehen wird, indem man sich die Schnelligkeit zunutze macht, mit der die Potenzen einer Zahl wachsen.

Folgendes Beispiel ist sehr interessant: Nehmen wir an, wir verfügen über eine Datenbank von 128.000 Personen. (Glauben Sie nicht, dass das so sehr viele sind, die meisten großen Firmen besitzen, kaufen oder ermitteln Daten.) Wie auch immer, für die Überlegung, zu der ich Sie einladen möchte, können wir auch mit einer kleineren Zahl anfangen, das Ergebnis wäre dasselbe.

Sagen wir, Sie wählen eine Aktie oder eine *Commodity*, deren Preis an der Börse notiert ist. Nehmen wir für unser Beispiel den Goldpreis. An einem Sonntagnachmittag setzen Sie sich vor Ihren Computer, durchsuchen Ihre Datenbank und wählen die E-Mail-Adressen aller Personen aus, die darin auftauchen. Dann schicken Sie an die eine Hälfte (64.000) eine E-Mail mit der Information, dass der Goldpreis am nächsten Tag (Montag) steigen wird. An die andere Hälfte schicken Sie eine E-Mail und behaupten das Gegenteil: dass der Goldpreis sinken wird. (Aus Gründen, die im Folgenden deutlich werden, schließen wir die Fälle aus, in denen der Goldpreis bei Börsenbeginn und Börsenschluss konstant bleibt.)

Am Montag bei Börsenschluss ist der Goldpreis entweder gestiegen oder gefallen. Wenn er gestiegen ist, gibt es 64.000 Personen, die von Ihnen eine E-Mail mit der richtigen Information bekommen haben.

Das hätte natürlich nicht viel zu bedeuten. Einmal richtig gelegen zu haben, sagt wenig aus. Aber spinnen wir diesen Gedanken weiter: Am Montagabend wählen Sie von den 64.000 Personen, die Ihre erste E-Mail mit der richtigen Information erhalten hatten, wieder die Hälfte aus (32.000) und teilen ihnen mit, dass der Goldpreis am Dienstag weiter steigen wird. Und an die andere Hälfte, die restlichen 32.000, schicken Sie eine E-Mail, in der es heißt, dass er sinken wird.

Am Dienstagabend können Sie sicher sein, dass es 32.000 Menschen gibt, für die Sie nicht nur die Ereignisse vom Dienstag, sondern auch vom Montag erraten haben. Jetzt wiederholen Sie den Ablauf. Der einen Hälfte, also 16.000 Leuten, teilen Sie mit, dass der Goldpreis steigen, der anderen, dass er sinken wird. Resultat: Am Mittwoch haben Sie 16.000 Personen, denen Sie am Montag, Dienstag und Mittwoch angekündigt haben, was mit dem Goldpreis passiert. Und Sie haben dreimal Recht behalten (für diese Gruppe).

Wiederholen Sie den Vorgang. Am Donnerstagabend haben Sie 8.000, denen Sie viermal das Richtige geraten haben. Und am Freitagabend haben Sie 4.000. Machen Sie sich das einmal klar: Am Freitagabend haben Sie 4.000 Personen, die gesehen haben, dass Sie *jedes Mal* vorhersagen konnten, was mit dem Goldpreis geschieht, ohne sich auch nur einmal zu irren. Sie könnten natürlich so weitermachen, und am nächsten Montag hätten Sie 2.000, am Dienstag 1.000 und, wenn wir es noch weiterspinnen wollen, werden Sie am Mittwoch der zweiten Woche 500 Personen haben, denen Sie *zehn Tage lang*

Tag für Tag vorausgesagt haben, was mit dem Goldpreis geschehen würde.

Wenn Sie diese Personen jetzt auffordern würden, Sie als Berater zu engagieren und Ihnen, sagen wir, tausend Dollar pro Jahr zu zahlen (ich will es nicht pro Monat ansetzen, da ich noch ein gewisses Maß an Schamgefühl besitze) … Glauben Sie nicht, dass sie Ihre Dienste in Anspruch nehmen würden? Denken Sie daran, dass Sie *in zehn aufeinander folgenden Tagen das Richtige vorhergesagt haben.*

Nach diesem Prinzip – indem Sie je nach Belieben mit einer kleineren oder größeren Datenbank beginnen oder bereits früher damit aufhören, E-Mails zu versenden – können Sie sich Ihre eigene Gruppe von Personen schaffen, die an Sie beziehungsweise an Ihre Vorhersagen glauben. Und damit Geld verdienen.[2]

Das Hotel Hilbert

Die unendlichen Mengen haben immer eine attraktive Seite: Sie widersprechen der Intuition. Nehmen wir an, es gäbe unendlich viele Menschen auf der Welt. Und

---

2 Ich habe absichtlich den Fall ausgeschlossen, dass der Goldpreis bei Börsenbeginn und -schluss gleich bleibt, da er für das Beispiel irrelevant ist. Sie könnten den einen in Ihren E-Mails mitteilen, dass der Goldpreis steigen oder gleich bleiben wird, und den anderen, dass er sinken oder gleich bleiben wird. Wenn der Goldpreis sich nicht bewegt, wiederholen Sie den Ablauf, ohne durch zwei zu teilen. Es ist ganz einfach so, als hätte es diesen Tag nicht gegeben. Wenn Sie andererseits eine größere Datenbank als 128.000 bekommen können, nur zu. Sie werden nach zehn Tagen noch mehr Kunden haben.

nehmen wir ferner an, es gäbe in einer Stadt ein Hotel, das unendlich viele Zimmer hat. Die Zimmer sind nummeriert, und jedes ist mit einer natürlichen Zahl benannt. So hat das erste Zimmer die Nummer 1, das zweite die 2, das dritte die 3 usw. Das heißt: An jeder Zimmertür gibt es ein Schild mit einer Zahl, die zur Identifizierung dient.

Nehmen wir jetzt an, *alle* Zimmer wären belegt, und zwar durch je eine Person. Zu einem bestimmten Zeitpunkt kommt ein sehr müde aussehender Herr ins Hotel. Es ist spät in der Nacht, und der Mann möchte den Papierkram schnell hinter sich bringen, um sich schlafen zu legen. Als ihm der Angestellte an der Rezeption mitteilt: »Leider haben wir kein Zimmer mehr frei, *alle* Zimmer sind belegt«, kann es der Neuankömmling nicht glauben. Und er fragt ihn:

»Aber wie … Haben Sie denn nicht *unendlich* viele Zimmer?«

»Doch«, antwortet der Hotelangestellte.

»Aber wie können Sie mir dann sagen, dass Sie kein Zimmer mehr frei haben?«

»Es tut mir leid, der Herr. Sie sind alle belegt.«

»Sehen Sie, was Sie mir antworten, hat keinen Sinn. Wenn Sie für das Problem keine Lösung haben, helfe ich Ihnen.«

Und hier lohnt es sich, dass Sie über die Antwort nachdenken. Kann die Antwort des Portiers »Es gibt keinen Platz mehr« richtig sein, wenn das Hotel unendlich viele Zimmer hat? Fällt Ihnen eine Lösung ein?

Hier kommt sie:

»Sehen Sie«, fuhr der Reisende fort, »rufen Sie den Herrn aus Zimmer 1 und sagen Sie ihm, er soll in das

Zimmer mit der Nummer 2 hinübergehen. Zu der Person, die in Zimmer 2 ist, sagen Sie, sie soll in das Zimmer mit der Nummer 3 gehen, zu der aus Zimmer 3, sie möge in das Zimmer 4 umziehen. Und so weiter. Auf diese Weise hat jede Person weiterhin ein Zimmer, das sie mit ›niemandem teilt‹ (wie zuvor), mit dem einzigen Unterschied, dass jetzt ein Zimmer frei bleibt: die Nummer 1.«
Der Portier sah ihn ungläubig an, verstand aber, was der Reisende ihm sagte. Und das Problem war gelöst.

Hier noch ein paar weitere Probleme:

a) Wenn statt eines Gastes zwei Gäste kommen, was geschieht dann? Gibt es eine Lösung für das Problem?
b) Und wenn statt zweier hundert Gäste kommen?
c) Wie kann man das Problem lösen, wenn n Gäste unangemeldet eintreffen (wobei n eine beliebige Zahl ist)? Gibt es immer eine Lösung, unabhängig von der Zahl der Personen, die ein Zimmer möchten?
d) Und was, wenn *unendlich viele* Personen kommen? Was geschieht dann?

Die Lösungen finden Sie im Anhang.

Sprechen Sie mir nach:
Man darf nicht durch null teilen!

Stellen Sie sich vor, Sie gehen in ein Geschäft, in dem alle Waren tausend Pesos kosten. Und Sie haben genau diesen Betrag dabei: tausend Pesos. Wenn ich Sie jetzt fragte: »Wie viele Artikel können Sie kaufen?«, dürfte die Antwort klar sein: einen einzigen. Wenn in dem Geschäft hingegen alle Dinge 500 Pesos kosten würden, könnten Sie mit den tausend Pesos, die Sie bei sich haben, zwei Dinge kaufen.

Warten Sie. Glauben Sie nicht, dass ich verrückt geworden bin (das war ich schon vorher). Folgen Sie bitte meinem Gedankengang. Wenn alle Waren, die es in dem Geschäft zu kaufen gibt, jetzt nur einen Peso pro Stück kosten würden, könnten Sie mit den tausend Pesos genau tausend Artikel kaufen.

Wie Sie sehen, nimmt die Menge der Objekte, die Sie erstehen können, in dem Maße zu, wie der Preis abnimmt. Denkt man das weiter, könnten Sie, wenn die Artikel zehn Centavos kosten würden, zehntausend kaufen. Würden sie einen Centavo kosten, würden Ihre tausend Pesos reichen, um hunderttausend Artikel zu erwerben. Das heißt, in dem Maße, wie die Artikel billiger werden, kann man immer mehr Einheiten kaufen. Wenn Sie erreichen, dass die Produkte immer weiter an Wert verlieren, können Sie die Zahl der Einheiten beliebig in die Höhe treiben.

Und nun gesetzt den Fall, die Dinge wären umsonst, das heißt, sie würden nichts kosten? Wie viele Artikel könnte man mitnehmen? Denken Sie kurz nach.

Sie stellen fest: Wenn die Waren in dem Geschäft nichts kosten, spielt es überhaupt keine Rolle, ob Sie tausend Pesos haben oder nicht, da Sie einfach alles mitnehmen könnten. Vor diesem Hintergrund könnte man sagen, dass *es gar keinen Sinn hat*, tausend Pesos durch »Dinge, die nichts kosten« zu »teilen«. Ich fordere Sie also dazu auf, mit mir gemeinsam zu folgern, dass *es keinen Sinn hat, durch null zu teilen.*

Um uns die Tendenz, die wir soeben festgestellt haben, vor Augen zu führen, tragen wir die Menge der Artikel, die wir kaufen können, in eine Liste ein, in Abhängigkeit von ihrem Preis.

Preis pro Artikel	Menge, die man für tausend Pesos erhält
$ 1.000	1
$ 500	2
$ 100	10
$ 10	100
$ 1	1.000
$ 0,1	10.000
$ 0,01	100.000

In dem Maße, wie der Preis sinkt, steigt die Anzahl der Artikel, die wir *stets mit denselben tausend Pesos* kaufen können. Wenn wir den Preis auf der linken Seite immer weiter senkten, stiege die Menge auf der rechten Seite immer weiter an … Kämen wir jedoch schließlich an den Punkt, an dem der Wert pro Artikel gleich *null* ist, wäre die Menge, die man in die Spalte auf der linken Seite einsetzen müsste: *unendlich*. Mit anderen Worten, wir könnten alles mitnehmen.

➜ **Fazit:** Man darf nicht durch null teilen.

Sprechen Sie mir nach: Man darf nicht durch null teilen! Man darf nicht durch null teilen!

1 = 2

Nehmen wir an, man hat zwei beliebige Zahlen: a und b. Nehmen wir außerdem an:

$$a = b$$

Folgen Sie mir bitte bei diesem Rechengang. Wenn ich beide Glieder mit a multipliziere, ergibt das

$$a^2 = ab$$

Addieren wir jetzt $(a^2 - 2ab)$ in beiden Gliedern, ergibt sich folgende Gleichung:

$$a^2 + (a^2 - 2ab) = ab + (a^2 - 2ab)$$

Das heißt zusammengefasst:

$$2a^2 - 2ab = a^2 - ab$$

Wenn man den gemeinsamen Faktor in jedem Glied ausklammert

$$2a\,(a - b) = a\,(a - b)$$

und auf beiden Seiten $(a - b)$ kürzt, erhält man:

$$2a = a$$

Jetzt kürzt man a auf beiden Seiten, und das Ergebnis lautet:

$$2 = 1$$

Wo ist der Fehler? Es muss doch einen geben, oder? Vielleicht haben Sie ihn schon bemerkt. Vielleicht auch nicht. Ich schlage Ihnen vor, jeden Schritt aufmerksam zu lesen und zu versuchen, allein herauszufinden, *wo der Fehler ist.*

Die Antwort finden Sie wie immer auf der Seite mit den Lösungen.

Das Problem 3× + 1

Ich schlage Ihnen eine Aufgabe vor, die wir gemeinsam lösen. Natürlich bin ich weder hier bei Ihnen (»hier«, wo Sie gerade dieses Buch lesen), noch sind Sie mit mir »hier« (»hier«, wo ich bin, vor meinem Computer, und diese Zeilen schreibe). Aber jetzt zurück zum Thema, folgen Sie bitte meinem Gedankengang.

Wir werden gemeinsam eine *Folge* von natürlichen (positiven ganzen) Zahlen konstruieren. Die Regel dabei lautet: Wir beginnen mit irgendeiner beliebigen Zahl. Sagen wir, zum Beispiel, mit der 7. Sie wird das erste Glied unserer Folge sein.

Das zweite Glied erhalten wir folgendermaßen: Ist die Zahl, die wir ausgewählt haben, gerade, teilen wir sie durch zwei. Ist sie dagegen ungerade, multiplizieren wir sie mit 3 und addieren 1 dazu. Da wir in unserem Beispiel die 7 ausgesucht haben, müssen wir sie, weil sie *nicht gerade ist*, mit 3 multiplizieren und 1 dazuzählen. Das Ergebnis lautet 22, denn $3 \times 7 = 21$, plus 1 ergibt 22.

Die ersten beiden Glieder *unserer Folge* sind also: {7, 22}. Um das dritte Glied der Folge zu gewinnen, teilen wir sie – die 22 ist eine gerade Zahl – durch zwei und erhalten 11. Jetzt haben wir {7, 22, 11}.

Weil die 11 ungerade ist, besagt die Regel: »Multipliziere mit 3 und addiere 1 dazu.« Das Ergebnis lautet 34. Wir haben also {7, 22, 11, 34}.

Da die 34 eine gerade Zahl ist, lautet das nächste Glied der Folge 17. Darauf folgt 52. Dann 26. Und danach 13. Als Nächstes 40. Dann 20. (Bis dahin ergibt sich die Folge {7, 22, 11, 34, 17, 52, 26, 13, 40, 20}.) Wir teilen weiterhin die geraden Zahlen durch zwei und multiplizieren die ungeraden mit 3 und zählen 1 dazu:

{7, 22, 11, 34, 17, 52, 26, 13, 40, 20, 10, 5, 16, 8, 4, 2, 1}

Bei der Zahl 1 halten wir an.

Ich bitte Sie jetzt, eine andere Zahl als Anfang zu wählen, sagen wir die 24. Wir erhalten folgende Zahlenfolge:

{24, 12, 6, 3, 10, 5, 16, 8, 4, 2, 1}

Beginnen wir mit der 100, erhalten wir die Folge:

{100, 50, 25, 76, 38, 19, 58, 29, 88, 44, 22, 11, 34, 17, 52, 26, 13, 40, 20, 10, 5, 16, 8, 4, 2, 1}

Wir stellen fest, dass alle Folgen mit der Zahl 1 enden. Und das ist auch tatsächlich das Ende der Folge, da man von hier an in eine Endlosschleife geraten würde: Von der 1 käme man auf die 4, von der 4 auf die 2 und von der 2 wieder auf die 1. Daher können wir die Folge auch gleich bei der 1 beenden.

Bis heute endet die Folge in *allen* bisher bekannten Beispielen mit der Zahl 1. Und doch gibt es *keinen Beweis dafür*, dass das Ergebnis für *jede beliebige Zahl* gültig ist.

Das Problem ist unter dem Namen »3x + 1-Problem« oder auch »Collatz-Problem«, »Syrakus-Problem«, »Kakutani-Problem«, »Hasse-Algorithmus« oder »Ulam-Problem« bekannt. Wie Sie sehen, hat es viele Namen, aber keine Lösung. Eine gute Gelegenheit, das Problem in Angriff zu nehmen. Lassen Sie mich an dieser Stelle jedoch noch eine Sache einfügen: Es ist ziemlich unwahrscheinlich, dass ein »Laie« das nötige Handwerkszeug besitzt, um das Problem zu lösen. Man schätzt, dass es auf der Welt nur zwanzig Personen gibt, die in der Lage sind, »es mit ihm aufzunehmen«. Wie ich jedoch bereits an anderer Stelle in diesem Buch erwähnt habe, heißt das nicht, dass irgendjemand von Ihnen, wo auch immer er sich auf diesem Planeten befindet und ungeachtet seiner mathematischen Vorkenntnisse, verhindert wäre, einen völlig neuen Gedanken zu haben und das Problem zu lösen, ohne zu dieser *privilegierten Gruppe der zwanzig Personen* zu gehören.

Das Problem, von dem Sie eben gelesen haben, ist Teil einer langen Liste noch offener Fragen in der Mathematik. Es ist leicht, derartige Lücken in anderen Wissenschaften zu akzeptieren. So weiß beispielsweise die Medizin noch nicht, wie sie bestimmte Arten von Krebs oder Alzheimer behandeln kann, um nur ein paar Beispiele zu nennen. Die Physik hat bisher weder eine »Theorie«, die *Makro und Mikro* miteinander vereinbart, noch kennt sie *alle Elementarteilchen*. Die Biologie weiß noch nicht, wie alle Gene funktionieren, geschweige denn, wie viele es gibt.

Kurz und gut, ich bin sicher, Sie könnten noch viele weitere Beispiele anfügen. Die Mathematik hat, wie gesagt, *ihre eigene Liste*.

Wie oft kann man ein Papier falten?

Nehmen wir an, wir hätten ein sehr dünnes Blatt Papier, wie das, das man üblicherweise zum Druck der Bibel benutzt. In einigen Teilen der Welt kennt man dieses Papier sogar als das »Bibelpapier«. Im Grunde sieht es aus wie »Seidenpapier«.

Um eine Vorstellung von der Stärke des Papiers zu bekommen, sagen wir, es hat eine Dicke von einem tausendstel Zentimeter.

Das heißt, 10^{-3} cm = 0,001 cm.

Nehmen wir ferner an, wir hätten ein großes Blatt von diesem Papier, so groß wie die Seite einer Zeitung.

Beginnen wir nun damit, es zur Hälfte zu falten.

Wie oft, glauben Sie, könnten Sie es falten? Und ich habe noch eine andere Frage: Angenommen, Sie könnten es falten und falten, so oft wie Sie wollen, sagen wir ungefähr *dreißig Mal*, wie dick, glauben Sie, wäre das Papier, das Sie dann in Händen hielten?

Bevor Sie weiterlesen, schlage ich vor, dass Sie einen Augenblick über die Antwort nachdenken und danach weiterlesen (wenn Sie wollen).

Kehren wir also zu unserem Ansatz zurück. Nachdem wir es einmal gefaltet haben, hätten wir ein Papier von 2 tausendstel Zentimeter Dicke. Falten wir es noch einmal, wären es 4 tausendstel Zentimeter. Bei jedem Mal Falten *verdoppelt* sich die Dicke. Und wenn wir es immer wieder und wieder falten (jeweils zur Hälfte), hätten wir nach 10 Mal Falten folgende Situation:

2^{10} (das heißt, die Zahl 2 zehnmal mit sich selbst multipliziert) = 1.024 tausendstel Zentimeter = ungefähr 1 cm.

Was sagt uns das? Wenn wir das Papier 10 (zehn) Mal falten würden, hätten wir eine Dicke von etwas mehr als einem Zentimeter. Nehmen wir an, wir falten das Papier weiter, immer zur Hälfte. Was würde passieren?

Nach 17 Mal Falten hätten wir eine Dicke von

2^{17} = 131.072 tausendstel Zentimeter = etwas mehr als einen Meter.

Nach 27 Mal Falten hätten wir:

2^{27} = 134.217.728 tausendstel Zentimeter, das heißt, etwas mehr als 1.342 Meter! Also fast eineinhalb Kilometer!

Hier lohnt es sich, einen Augenblick innezuhalten: Indem wir ein Blatt Papier, selbst ein so dünnes wie das Bibelpapier, nur 27 Mal falteten, erhielten wir eines von fast eineinhalb Kilometern Dicke.

Was ist mehr?
37 % von 78 oder 78 % von 37?

Im Allgemeinen ist eine Idee wichtiger als eine Rechnung. Mit anderen Worten, es ist nicht immer ratsam, ein Problem mit »roher Gewalt« anzugehen. Wenn man zum Beispiel gefragt würde: Welche Zahl ist größer? 37 % von 78 oder 78 % von 37?

Natürlich kann man jetzt anfangen zu rechnen und das Ergebnis herausfinden, aber es geht hier darum, sich auch ohne Rechnen für eine Antwort entscheiden zu können. Die Idee beruht auf der folgenden Überlegung: Um 37 % von 78 zu berechnen, müssen wir 37 mit 78 multiplizieren und dann durch 100 dividieren. Rechnen Sie nicht nach, das ist nicht nötig.

Wollen wir 78 % von 37 berechnen, müssen wir ebenfalls 78 mit 37 multiplizieren und dann durch 100 teilen.

Wie Sie sehen, handelt es sich um ein und dieselbe Rechnung, denn die Multiplikation ist *kommutativ*. *Mit anderen Worten, die Reihenfolge der Faktoren ändert das Produkt nicht.* Das heißt, unabhängig davon, wie das Ergebnis lautet (in diesem Fall 28,86), kommt bei beiden dasselbe heraus. Die Zahlen sind also gleich.

Binäre Tafeln

Überlegen Sie sich einmal Folgendes: Egal, ob Sie englisch, deutsch, französisch, portugiesisch, dänisch oder schwedisch sprechen … Wenn Sie

$$153 + 278 = 431$$

schreiben, wird es in England, in den USA, in Deutschland, Frankreich, Portugal, Brasilien oder Dänemark jeder verstehen (um nur ein paar Länder zu nennen, in denen man verschiedene Sprachen spricht).

Das bedeutet: Die Sprache der Zahlen ist »universaler« als die der verschiedenen Sprachen. Sie transzendiert sie. Wir haben uns darauf geeinigt (wenn auch ohne es zu wissen), dass die Zahlen »heilig« sind. Gut, nicht ganz, aber was ich sagen will, ist, dass es gewisse Konventionen gibt (die Zahlen *sind* offensichtlich eine Konvention), die die Übereinkünfte transzendiert, die wir einst getroffen haben, um zu kommunizieren.

Es dauerte über vierhundert Jahre, bis Europa die arabische Zählung annahm (also die Zahlen, die wir heute benutzen) und gegen die alte (die römische Zählung) austauschte. Sie wurde erstmals um 1220 von Fibonacci in Europa eingeführt. Fibonacci, der seinen Vater, einen Handelsreisenden, als Kind nach Nordafrika begleitet hatte, erkannte klar die Notwendigkeit, ein anderes, geeigneteres Zahlensystem zu verwenden. Wenngleich es keine Zweifel über die Vorteile der neuen Zählung gab, waren die Händler der Zeit bemüht, den Fortschritt zu vermeiden, der sie daran hindern würde, bei den Rechnungen zu schummeln.

Außerdem *kannten* die Römer *keine* Nullen. Die Schwierigkeit beim Rechnen ist mit einem Satz von Juan Enríquez in *As the Future Catches You* treffend formuliert: »Versuchen Sie, 436 mit 618 in römischen Zahlen zu multiplizieren, dann reden wir weiter.«

Also gut. Wenn wir die Zahl

2.735.896

schreiben, *verkürzen* oder *vereinfachen* wir eigentlich folgende Rechenoperation:

a) 2.000.000 + 700.000 + 30.000 + 5.000 + 800 + 90 + 6.

Zwar sind wir uns darüber nicht bewusst (und müssen es auch nicht sein), aber im Grunde ist die Notation eine »Übereinkunft«, die wir ursprünglich getroffen haben, um alles, was wir in der Reihe a) schreiben, »abzukürzen«.

Eine andere mögliche Schreibweise wäre:

b) $2 \cdot 10^6 + 7 \cdot 10^5 + 3 \cdot 10^4 + 5 \cdot 10^3 + 8 \cdot 10^2 + 9 \cdot 10^1 + 6 \cdot 10^0$,

mit der Übereinkunft: $10^0 = 1$.

Das hat man uns schon in der Grundschule beigebracht, nämlich als die »Millionen«, die »Hunderttausender«, die »Zehntausender«, die »Tausender«, die »Hunderter«, die »Zehner« und die »Einer« – und fertig. Danach haben wir diese Nomenklatur nie wieder benutzt, und sie hat uns auch nicht gefehlt.

Das Interessante an dieser Schreibweise ist, dass wir die Anzahl der Zehntausender, Tausender, Hunderter usw. nennen müssen.

Dafür brauchen wir die Zahlen, die ich in der Gleichung b) »fett« und etwas größer gesetzt habe.

Diese Zahlen bezeichnen wir als *Ziffern*, von denen es bekanntlich zehn gibt:

0, 1, 2, 3, 4, 5, 6, 7, 8 und 9

Nehmen wir jetzt an, man würde nur mit zwei Ziffern zählen: 0 und 1.

Wie können wir auf diese Weise eine Zahl schreiben?

Der Zählweise mit *zehn Ziffern* liegt die Logik zugrunde, zuerst alle Ziffern einzeln zu benutzen, sprich: 0, 1, 2, 3, 4, 5, 6, 7, 8, 9.

Von da an können wir die Ziffern nicht mehr separat verwenden. Wir müssen sie kombinieren. Das heißt, wir müssen jetzt *zwei Ziffern* einsetzen. Wir beginnen mit der 10, machen weiter mit 11, 12, 13, 14 … 19 … (an dieser Stelle müssen wir auf die nächste Ziffer zurückgreifen) und weiter mit 20, 21, 22, 23 … 29, 30 … usw. …, bis wir zur 97, 98, 99 gelangen. An diesem Punkt *haben* wir alle Möglichkeiten *erschöpft*, Zahlen mit *zwei Ziffern* zu schreiben. Sie dienten dazu, die ersten *hundert* aufzuzählen (da wir mit der 0 angefangen haben; bis 99 sind es genau 100).

Und jetzt? Wir müssen *drei Ziffern* benutzen (die nicht mit null beginnen, denn sonst wäre es, als ob man *zwei Ziffern* hätte, nur auf verdeckte Weise). Dann beginnen wir mit 100, 101, 102 … usw. Nachdem wir die Tausend erreicht haben, brauchen wir *vier Ziffern*. Und so geht es weiter. Das heißt: Jedes Mal, wenn wir *alle verfügbaren Zahlen, die wir mit einer Ziffer schreiben können*, verbraucht haben, *benötigen wir zwei Ziffern. Wenn wir die Zahlen mit zwei Ziffern verbraucht haben, benötigen wir drei Ziffern. Dann vier. Und so weiter.*

Was also, wenn man nur zwei Ziffern hat, sagen wir die 0 und die 1? Wir benutzen die beiden Ziffern getrennt:

$$0 = 0$$
$$1 = 1$$

Jetzt gehen wir zum nächsten Schritt über, das heißt, wir benötigen *zwei Ziffern* (und bemerkenswerterweise benötigen wir schon *zwei Ziffern*, um die Zahl *Zwei* schreiben zu können):

$$10 = 2$$
$$11 = 3$$

An dieser Stelle sind die Möglichkeiten mit zwei Ziffern bereits erschöpft. Wir müssen mehr einsetzen:

    100 = 4
    101 = 5
    110 = 6
    111 = 7

Und wir benötigen noch eine, um fortzufahren:

    1 000 = 8
    1 001 = 9
    1 010 = 10
    1 011 = 11
    1 100 = 12
    1 101 = 13
    1 110 = 14
    1 111 = 15

Ich schreibe nur noch einen weiteren Schritt auf:

    10 000 = 16
    10 001 = 17
    10 010 = 18
    10 011 = 19
    10 100 = 20
    10 101 = 21
    10 110 = 22
    10 111 = 23
    11 000 = 24
    11 001 = 25
    11 010 = 26

$$11\,011 = 27$$
$$11\,100 = 28$$
$$11\,101 = 29$$
$$11\,110 = 30$$
$$11\,111 = 31$$

Und hier überlasse ich Sie sich selbst. Aber es wird klar, dass man, um zur 32 zu kommen, eine Ziffer hinzufügen und die 100.000 benutzen muss. Das Bemerkenswerte ist, dass es möglich ist, *mit nur zwei Ziffern* jede beliebige Zahl zu schreiben. Die Zahlen sind jetzt *in Potenzen von 2* geschrieben, auf die gleiche Weise, wie sie vorher *in Potenzen von 10* dargestellt waren.

Sehen wir uns einige Beispiele an:

a) $\qquad 111 = 1 \cdot 2^2 + 1 \cdot 2^1 + 1 \cdot 2^0 = 7$

b) $\qquad 1\,010 = 1 \cdot 2^3 + 0 \cdot 2^2 + 1 \cdot 2^1 + 0 \cdot 2^0 = 10$

c) $\qquad 1\,100 = 1 \cdot 2^3 + 1 \cdot 2^2 + 0 \cdot 2^1 + 0 \cdot 2^0 = 12$

d) $\qquad 110\,101 = 1 \cdot 2^5 + 1 \cdot 2^4 + 0 \cdot 2^3 + 1 \cdot 2^2 + 0 \cdot 2^1 + 1 \cdot 2^0 = 53$

e) $\quad 10\,101\,010 = 1 \cdot 2^7 + 0 \cdot 2^6 + 1 \cdot 2^5 + 0 \cdot 2^4 + 1 \cdot 2^3 + 0 \cdot 2^2 + 1 \cdot 2^1 + 0 \cdot 2^0 = 170$

(Interessant ist, dass jede *gerade* Zahl auf *null* endet und jede *ungerade* auf *eins*.)

An dieser Stelle dürfte klar sein, wie man »herausfinden« kann, um welche Zahl es sich in der »dezimalen« Schreibweise handelt, wenn sie in »binärer Form« geschrieben ist (man nennt sie binär, weil nur zwei Ziffern gebraucht werden: 0 und 1).

Wichtig ist auch die Erkenntnis, dass nur zwei Dinge passieren können, da man »nur« die Ziffern 0 und 1 benutzt und sie mit den Potenzen von zwei multipliziert: Entweder taucht diese Potenz in der Schreibung der Zahl *auf oder nicht.*

In der Schreibung der Zahl 6 (110) beispielsweise sind die Potenzen 2^2 und 2^1 enthalten. 2^0 dagegen (die 2^1 vorangeht) besagt, dass diese Potenz nicht erscheint.

Und genau darin besteht das »Geheimnis«, mit dem wir das Rätsel der »binären Karten« lösen können, die sich im Anhang befinden. Das heißt: Man bittet eine Person, sich eine beliebige Zahl zwischen 0 und 255 zu denken, und gibt ihr die binären Karten, die sich im Anhang befinden. Dann stellt man folgende Frage: »Auf welcher dieser Karten taucht die Zahl auf, die du gewählt hast?« Die Person sieht jede Karte durch und wählt die entsprechenden aus. Wenn sie zum Beispiel die Zahl 170 gewählt hat, gibt sie Ihnen die Karten, die am *linken oberen Rand* folgende Zahlen haben: 128, 32, 8 und 2.

Addiert man diese Zahlen, erhält man die Zahl 170. Wir wissen die Zahl, *ohne dass die Person sie uns verraten hätte.* Wir können sie selbst herausfinden!

Warum diese Methode funktioniert? Weil uns die Person, indem sie die Karten auswählt, auf denen die Zahl erscheint, mitteilt (natürlich ohne es zu wissen), wo *die Einsen* in der binären Schreibweise der Zahl sind.

Müsste die Person, die in Gedanken die Zahl 170 ausgesucht hat, die Zahl in binärer Schreibweise schreiben, würde sie schreiben:

10 101 010

oder anders ausgedrückt:

$$10\ 101\ 010 = 1 \cdot 2^7 + 0 \cdot 2^6 + 1 \cdot 2^5 + 0 \cdot 2^4 + 1 \cdot 2^3 +$$
$$1 \cdot 2^2 + 1 \cdot 2^1 + 0 \cdot 2^0 = 170$$

Indem sie die Karten auswählt, ist es so, als würde sie die »Einsen auswählen«. Die Karten, die sie Ihnen nicht gibt, sind die Karten, die *die Nullen enthalten.*

Wie geht man also vor, wenn man eine beliebige Zahl auf binäre Weise schreiben will? Zum Beispiel die Zahl 143? (Dieses Problem lösen zu können, ist sehr nützlich, denn sonst müsste man die ganze Liste aufschreiben, bis man zur 143 gelangt.)

Was man tun muss: *Die Zahl 143 durch 2 teilen. Und das Ergebnis wieder durch 2 teilen. Und so weiter, bis der Quotient, den man erhält, 0 oder 1 ist.*

In diesem Fall also:

$$143 = 71 \cdot 2 + 1$$

Das heißt, hier ist der Quotient 71 *und der Rest 1.*
Fahren wir fort. Jetzt teilen wir die 71 durch 2.

$$71 = 35 \cdot 2 + 1$$

Hier ist der Quotient 35. Und der Rest ist 1. Wir dividieren 35 durch 2.

$$35 = 17 \cdot 2 + 1 \quad \text{(Quotient 17, Rest 1)}$$
$$17 = 8 \cdot 2 + 1 \quad \text{(Quotient 8, Rest 1)}$$
$$8 = 4 \cdot 2 + 0 \quad \text{(Quotient 4, Rest 0)}$$
$$4 = 2 \cdot 2 + 0 \quad \text{(Quotient 2, Rest 0)}$$
$$2 = 1 \cdot 2 + 0 \quad \text{(Quotient 1, Rest 0)}$$
$$1 = 0 \cdot 2 + 1 \quad \text{(Quotient 0, Rest 1)}$$

Und hier endet die Geschichte. Was man jetzt tun muss: Alle Reste zusammenfügen, und zwar in der Reihenfolge von unten nach oben:

10 001 111

$$1 \cdot 2^7 + 0 \cdot 2^6 + 0 \cdot 2^5 + 0 \cdot 2^4 + 1 \cdot 2^3 + 1 \cdot 2^2 + 1 \cdot 2^1 + 1 \cdot 2^0 = 128 + 8 + 4 + 2 + 1 = 143$$

Jetzt schlage ich vor, üben Sie mit anderen Zahlen. Ich werde nur noch ein paar Beispiele anführen:

$$82 = 41 \cdot 2 + 0$$
$$41 = 20 \cdot 2 + 1$$
$$20 = 10 \cdot 2 + 0$$
$$10 = 5 \cdot 2 + 0$$
$$5 = 2 \cdot 2 + 1$$
$$2 = 1 \cdot 2 + 0$$
$$1 = 0 \cdot 2 + 1$$

Also:
$$82 = 1\,010\,010 = 1 \cdot 2^6 + 0 \cdot 2^5 + 1 \cdot 2^4 + 0 \cdot 2^3 + 0 \cdot 2^2 + 1 \cdot 2^1 + 0 \cdot 2^0 = 64 + 16 + 2$$
(Diese Zahl erhalten wir, wenn wir von unten nach oben alle Reste zusammenfügen. Ich fordere Sie nochmals dazu auf, nachzurechnen und sich davon zu überzeugen, dass die Rechnung funktioniert – und noch viel interessanter ist es, sich davon zu überzeugen, dass die Rechnung immer funktioniert, unabhängig von der Zahl, die wir auswählen.)

Ein letztes Beispiel:

$$1\,357 = 678 \cdot 2 + 1$$
$$678 = 339 \cdot 2 + 0$$
$$339 = 169 \cdot 2 + 1$$
$$169 = 84 \cdot 2 + 1$$
$$84 = 42 \cdot 2 + 0$$
$$42 = 21 \cdot 2 + 0$$
$$10 = 5 \cdot 2 + 0$$
$$5 = 2 \cdot 2 + 1$$
$$2 = 1 \cdot 2 + 0$$
$$1 = 0 \cdot 2 + 1$$

Die Zahl, die wir suchen, ist also:

10 101 001 101

Das heißt:

$$1 \cdot 2^{10} + 0 \cdot 2^9 + 1 \cdot 2^8 + 0 \cdot 2^7 + 1 \cdot 2^6 + 0 \cdot 2^5 + 0 \cdot 2^4 +$$
$$1 \cdot 2^3 + 1 \cdot 2^2 + 0 \cdot 2^1 + 1 \cdot 2^0 = 1.024 + 256 + 64 + 8 +$$
$$4 + 1 = 1.357$$

Die Quadratwurzel aus 2 ist eine irrationale Zahl

Als Pythagoras und seine Leute (ob es sie nun gab oder nicht) den berühmten Satz entdeckten (den des Pythagoras, meine ich), stießen sie auf ein Problem ... Nehmen wir an, wir hätten ein rechtwinkliges Dreieck, dessen zwei Katheten die Länge *eins* haben. (Hier könnten *wir einen Meter oder einen Zentimeter oder eine Einheit* einsetzen, damit es nicht zu abstrakt wird.)

Wenn jede Kathete *eins* lang ist, muss die Hypotenuse[3] $\sqrt{2}$ lang sein. Diese Zahl lieferte sofort ein Problem. Um es zu verstehen, einigen wir uns zunächst auf ein paar Punkte.

a) Eine Zahl x heißt *rational*, wenn sie als *Quotient aus zwei ganzen Zahlen* darstellbar ist.

   Das heißt, $x = p/q$,

   wobei p und q ganze Zahlen sind, und es muss erfüllt sein, dass $q \neq 0$.

Beispiele:

I)   1,5 ist eine rationale Zahl, weil 1,5 = 3/2

II) 7,6666666… ist rational, weil 7,6666666… = 23/3

III) 5 ist eine rationale Zahl, weil 5 = 5/1

Insbesondere dieses letzte Beispiel legt nahe, dass *jede ganze Zahl rational ist*. Und dieses Ergebnis ist richtig, denn jede ganze Zahl kann man als Quotient aus sich selbst und *1* schreiben.

Bis zu diesem Moment, das heißt dem Moment, in dem Pythagoras seinen Lehrsatz bewies, kannte man *nur die rationalen Zahlen*. Die Absicht dieses Unterkapitels ist es, das Problem vorzustellen, auf das die Pythagoräer stießen.

Gehen wir einen Schritt weiter. Überlegen wir: Ist es richtig, dass, wenn eine Zahl gerade ist, ihr Quadrat auch gerade ist?

---

3 Die Hypotenuse eines rechtwinkligen Dreiecks ist die Seite mit der größten Länge. Die anderen beiden Seiten nennt man Katheten.

Wie immer überlasse ich Sie kurz Ihren Gedanken (oder Ihrem Bleistift und Papier). Ich jedoch fahre jetzt fort, weil ich nicht so lange auf Sie warten kann, aber folgen Sie mir, wann immer Sie wollen …

Die Antwort ist Ja. Warum? Weil man x, wenn es eine gerade Zahl ist, auf folgende Weise ausdrücken kann:

$$x = 2 \cdot n$$

(wobei n auch eine ganze Zahl ist).

Wenn man x nun quadriert, erhält man:

$$x^2 = 4 \cdot n^2 = 2 (2 \cdot n^2)$$

Das heißt, x^2 ist ebenfalls eine gerade Zahl.

Jetzt umgekehrt: Ist es richtig, dass, wenn x^2 gerade ist, auch x gerade sein muss? Machen wir uns die Sache klar: Wäre x nicht gerade, wäre es ungerade. In diesem Fall müsste man x so schreiben:

$$x = 2k + 1,$$

wobei k eine beliebige natürliche Zahl ist.

Aber dann *kann sie auch nicht gerade sein,* wenn man sie quadriert, denn

$$x^2 = (2k + 1)^2 = 4k^2 + 4k + 1 = 4m + 1$$

(wobei ich $m = k^2 + k$ genannt habe).

Wenn $x^2 = 4m + 1$, dann ist x^2 eine *ungerade* Zahl.

➜ **Fazit:** Wenn das Quadrat einer Zahl gerade ist, war die Zahl auch schon gerade.

Mit diesen Informationen sind wir jetzt in der Lage, das Problem anzugehen, das sich den Pythagoräern stellte. Ist es richtig, dass die Zahl $\sqrt{2}$ auch rational ist? Ich sage es noch einmal: Bedenken Sie, dass man damals *nur die rationalen Zahlen* kannte. Also wollte man natürlich beweisen, dass jede Zahl, mit der man es zu tun hatte, *rational sei*. Das heißt: Wenn man zu jener Zeit *nur rationale Zahlen* kannte, war es folgerichtig, dass man sich bemühte, für jede *neue* Zahl, die auftauchte, eine *Schreibweise wie p/q* zu finden.

Nehmen wir also an (wie damals die Griechen), $\sqrt{2}$ sei eine rationale Zahl. Ist das der Fall, muss es zwei ganze Zahlen p und q geben, sodass

$$\sqrt{2} = (p/q)$$

Indem wir (p/q) schreiben, nehmen wir an, dass wir die gemeinsamen Faktoren, die p und q haben könnten, bereits »gekürzt« haben. Insbesondere gehen wir davon aus, dass *beide nicht gerade* sind, denn wenn sie es wären, würden wir den Bruch kürzen und den *Faktor zwei sowohl im Zähler als auch im Nenner eliminieren*. Das heißt: Wir können davon ausgehen, dass entweder p oder q nicht gerade ist.

Nehmen wir beide Glieder zum Quadrat, haben wir:

$$2 = (p/q)^2 = p^2/q^2$$

Multiplizieren wir jetzt die Gleichung mit dem Nenner des zweiten Gliedes, ergibt das:

$$2 \cdot q^2 = p^2 \qquad (*)$$

Die Gleichung (*) besagt, dass die Zahl p^2 eine gerade Zahl ist (denn sie schreibt sich als Produkt von 2 *mit* einer ganzen Zahl).

Wie wir etwas weiter oben gesehen haben, ist die Zahl p selbst eine gerade Zahl, wenn die Zahl p^2 gerade ist. Daher kann die Zahl p, da sie eine gerade Zahl ist, so geschrieben werden:

$$p = 2k$$

Wenn man dies quadriert, erhält man:

$$p^2 = 4k^2$$

In die Gleichung (*) eingesetzt, ergibt das:

$$2q^2 = p^2 = 4k^2$$

Und kürzt man auf beiden Seiten mit 2, lautet das Ergebnis:

$$q^2 = 2k^2$$

Daher ist q^2 ebenfalls gerade. Aber wir haben schon gesehen, dass, wenn q^2 gerade ist, auch die Zahl q gerade ist. Führen wir diese Beweise jetzt zusammen, kommen wir zu dem Ergebnis, dass *sowohl p als auch q gerade sind*. Das ist aber nicht möglich, weil wir zu Beginn vorausgesetzt haben, dass wir sie gekürzt hätten, wenn es so wäre.

➜ **Fazit:** Die Zahl $\sqrt{2}$ *ist nicht rational*. Diese Erkenntnis eröffnete einen neuen, bislang unerforschten und sehr fruchtbaren Weg: den der *irrationalen* Zahlen. Zusammen bilden die rationalen und die irrationalen Zahlen die Menge der reellen Zahlen. Dies sind alle Zahlen, die wir zum Messen in unserem täglichen Leben benötigen. (Anmerkung: Nicht alle irrationalen Zahlen sind so leicht *herzustellen* wie $\sqrt{2}$. Wenngleich $\sqrt{2}$ und π beide irrationale Zahlen sind, so sind sie *im Wesentlichen* doch sehr verschieden, und zwar aus Gründen, die über das Ziel dieses Buches hinausgehen. $\sqrt{2}$ gehört zur Menge der »algebraischen Zahlen«, während π zur Menge der »transzendenten Zahlen« gehört.)

Summe aus fünf Zahlen

Wenn ich mit einer Gruppe von jungen (und nicht mehr ganz so jungen) Leuten zusammen bin und sie mit einem Zahlenspiel überraschen will, nehme ich immer das folgende. Ich werde es hier anhand eines Beispiels vorführen, aber dann werden wir es analysieren und erklären, wie und warum es funktioniert.

Ich bitte meine Gesprächspartner, mir eine Zahl aus fünf Ziffern zu nennen. Sagen wir 12.345 (trotzdem fordere ich Sie dazu auf, beim Lesen gleichzeitig ein anderes Beispiel durchzurechnen). Dann notiere ich *12.345* und sage ihnen, dass ich auf der Rückseite des Papiers (oder auf einem anderen Papier) das Ergebnis einer »Summe« aufschreiben werde. Natürlich wirken die Leute überrascht, weil sie nicht verstehen, von welcher »Summe« ich spreche, wenn sie mir bis dahin doch nur eine Zahl gegeben haben.

Ich bitte sie um Geduld und sage ihnen, dass ich eine weitere Zahl aufschreiben werde (wie gesagt auf der Rückseite des Papiers), die das Ergebnis einer Summe sein wird, deren Summanden *wir noch nicht kennen*, bis auf einen: die 12.345.

Auf der Rückseite notiere ich folgende Zahl:

212.343

Sie werden sich jetzt fragen, warum. Es geht darum, der Zahl am Anfang eine Zwei hinzuzufügen und am Ende zwei abzuziehen.

Wenn sie mir zum Beispiel die 34.710 nennen, notiere ich auf der Rückseite 234.708. Dann bitte ich meinen Gesprächspartner, mir noch eine Zahl zu nennen. Sagen wir beispielsweise:

73.590

Damit haben wir schon zwei Zahlen, die Teile unserer »Summe« bilden werden. Die ursprüngliche Zahl 12.345 und die zweite Zahl 73.590.

Dann bitte ich sie um eine weitere Zahl mit fünf Ziffern. Zum Beispiel:

43.099

Wir haben also bereits drei Zahlen mit je fünf Ziffern, die drei der fünf Summanden sein werden:

12.345
73.590
43.099

Wenn wir einmal an diesem Punkt angelangt sind, schreibe ich kurzerhand zwei weitere Zahlen auf:

26.409

und

56.900

Woher habe ich diese Zahlen?
Ich habe Folgendes getan: Ich nehme die 73.590 und füge unten hinzu, was fehlt, damit die Summe 99.999 ergibt. Das heißt, unter die Zahl 7 eine 2, unter die 3 eine 6, unter die 5 eine 4, unter die 9 eine 0 und unter die 0 eine 9.

```
   73.590
+ 26.409
   99.999
```

Mit der 43.099 verfahre ich auf die gleiche Weise. In diesem Fall lautet die Zahl 56.900.
Das heißt:

```
   56.900
+ 43.099
   99.999
```

Wenn wir das, was wir bisher getan haben, zusammenfassen, haben wir jetzt *fünf Zahlen mit jeweils fünf Ziffern*. Die ersten drei entsprechen den Zahlen, die uns unser Gesprächspartner gegeben hat:

12.345, 73.590 und 56.900

Mit der ersten habe ich die »Gesamtsumme« hergestellt (und sie auf der Rückseite des Papiers vermerkt, 212.343), mit den anderen beiden habe ich *zwei weitere Zahlen mit fünf Ziffern* (in diesem Fall 26.409 und 43.099) so konstruiert, dass die Summe jeweils 99.999 ergibt. Jetzt fordere ich meinen Gesprächspartner in aller Ruhe dazu auf, »die Summe zu bilden«.

Und auch Sie fordere ich dazu auf:

```
  12.345
  73.590
  56.900
  26.409
  43.099
 212.343
```

Wir erhalten *die Zahl, die wir auf die Rückseite des Papiers geschrieben haben.*

Ich fasse die einzelnen Schritte noch einmal zusammen:

a) Sie bitten um eine Zahl mit fünf Ziffern (43.871).

b) Dann schreiben Sie auf die Rückseite des Papiers eine weitere Zahl (jetzt mit sechs Ziffern), die sich ergibt, wenn man an den Anfang eine 2 hinzufügt und zwei abzieht (243.869).

c) Sie bitten um zwei weitere Zahlen mit fünf Ziffern (35.902 und 71.388).

d) Sie fügen zwei Zahlen hinzu, die mit den beiden vorhergehenden 99.999 ergeben (64.097 und 28.611).

e) Sie fordern die Person, die Sie vor sich haben, dazu auf, die Summe zu bilden ... und die Rechnung geht auf!

Aber warum geht sie auf?

Das ist der interessanteste Teil. Beachten Sie, dass Sie an die ursprüngliche Zahl, die die andere Person uns gegeben hat, eine 2 vorne anfügen und zwei abziehen, als addierten wir 200.000 hinzu und subtrahierten zwei. Wir addieren also im Grunde (200.000 – 2).

Wenn wir die beiden anderen Zahlen, die uns unser Gesprächspartner genannt hat, so ergänzen, dass sie 99.999 ergeben, bedenken wir, dass 99.999 genau (100.000 – 1) ist. Da wir dies *zweimal* tun, da wir zweimal (100.000 – 1) hinzufügen, addieren wir insgesamt auch (200.000 – 2).

Und das ist auch schon alles, was wir getan haben – der ursprünglichen Zahl (200.000 – 2) hinzuzufügen! Deshalb geht die Rechnung auf: Weil wir letztlich nichts anderes tun, als zweimal (100.000 – 1) zu addieren oder, was auf das Gleiche herauskommt, (200.000 – 2).

Ein Attentat auf den Fundamentalsatz der Arithmetik?

Der Fundamentalsatz der Arithmetik besagt, dass jede ganze Zahl (ungleich +1, –1 oder 0) entweder eine Primzahl ist oder sich in ein Produkt von Primzahlen zerlegen lässt.

Beispiele:

a) $14 = 2 \cdot 7$
b) $25 = 5 \cdot 5$
c) $18 = 2 \cdot 3 \cdot 3$
d) $100 = 2 \cdot 2 \cdot 5 \cdot 5$

e)   11 = 11 (denn 11 ist eine Primzahl)

f)   1.000 = 2 · 2 · 2 · 5 · 5 · 5

g)   73 = 73 (denn 73 ist eine Primzahl)

Mehr noch: Der Satz besagt, dass *die Primfaktorzerlegung bis auf die Reihenfolge der Faktoren eindeutig ist* (weil die Reihenfolge der Faktoren das Produkt nicht verändert). Ich möchte jedoch eine Frage aufwerfen. Sehen Sie sich die Zahl 1.001 an, die sich auf zweierlei Weise schreiben lässt:

$$1.001 = 7 \cdot 143$$

sowie

$$1.001 = 11 \cdot 91$$

Wo liegt der Fehler? Könnte es sein, dass der Lehrsatz hier versagt?
Die Antwort findet sich im Lösungsteil.

Unendliche Primzahlen

Wir wissen bereits, was Primzahlen sind. Jedoch lohnt es sich, an eine Passage aus dem Werk *Der Bürger als Edelmann* von Molière zu denken, in der der Protagonist, als er gefragt wird, ob er etwas im Besonderen wüsste, antwortet: »Tut so, als wüsste ich es nicht, und erklärt es mir.« Daher werden wir mit einigen Definitionen beginnen, um von einem gemeinsamen Kenntnisstand auszugehen.

In diesem Kapitel werden wir nur die *natürlichen (oder positiven ganzen) Zahlen* benutzen. Ich will hier keine rigorose Definition abgeben, aber doch dahingehend mit Ihnen einig werden, über welche Zahlen ich spreche:

$$N = \{1, 2, 3, 4, 5, 6, \ldots, 100, 101, 102, \ldots,\}$$

Wir wollen die Zahl 1 aus den folgenden Betrachtungen ausschließen, aber wie Sie leicht nachprüfen können, hat jede andere Zahl *immer mindestens zwei Teiler: sich selbst und 1.* (*Eine Zahl ist ein Teiler* einer anderen, wenn diese *exakt durch sie teilbar ist, das heißt, wenn man die eine durch die andere dividiert und kein Rest bleibt oder, anders ausgedrückt, der Rest gleich null ist.*) Zum Beispiel:

Die 2 ist durch 1 und sich selbst (die 2) teilbar,
die 3 ist durch 1 und sich selbst (die 3) teilbar,
die 4 ist durch 1, durch 2 und sich selbst (die 4) teilbar,
die 5 ist durch 1 und durch sich selbst (die 5) teilbar,
die 6 ist durch 1, durch 2, durch 3 und sich selbst
(die 6) teilbar,
die 7 ist durch 1 und durch sich selbst (die 7) teilbar,
die 8 ist durch 1, durch 2, durch 4 und durch sich
selbst (die 8) teilbar,
die 9 ist durch 1, durch 3 und durch sich selbst (die 9)
teilbar,
die 10 ist durch 1, durch 2, durch 5 und durch sich
selbst (die 10) teilbar.

Man könnte diese Liste unendlich fortführen. Wenn man sich jedoch ansieht, was mit den ersten natürlichen

Zahlen geschieht, entdeckt man ein Muster: *Alle sind durch die 1 und sich selbst teilbar. Es kann sein, dass sie mehr Teiler haben, mindestens aber zwei.* Ich möchte hier noch ein paar Beispiele anfügen und Sie bitten, sich eine Definition zu überlegen. Beobachten Sie:

> Die 11 ist nur durch 1 und durch sich selbst teilbar.
> Die 13 ist nur durch 1 und durch sich selbst teilbar.
> Die 17 ist nur durch 1 und durch sich selbst teilbar.
> Die 19 ist nur durch 1 und durch sich selbst teilbar.
> Die 23 ist nur durch 1 und durch sich selbst teilbar.
> Die 29 ist nur durch 1 und durch sich selbst teilbar.
> Die 31 ist nur durch 1 und durch sich selbst teilbar.

Bemerken Sie ein Muster in all diesen Beispielen? Was sagt Ihnen die Tatsache, dass die 2, 3, 5, 7, 11, 13, 19, 23, 29, 31 *nur zwei Teiler haben, alle anderen Zahlen aber mehr als zwei*? Sobald Sie die Antwort haben (und auch, wenn Sie sie nicht haben), gebe ich eine Definition:
Eine natürliche Zahl (ungleich 1) nennt man dann, und nur dann *eine Primzahl*, wenn *sie exakt zwei Teiler* hat: *die 1 und sich selbst.*

Wie man sieht, möchte ich eine Gruppe von Zahlen abgrenzen, weil sie ein ganz besonderes Charakteristikum haben: Sie sind nur durch zwei Zahlen teilbar, durch sich selbst und die Zahl Eins.

Machen wir nun eine Liste der Primzahlen, die sich unter den ersten hundert natürlichen Zahlen befinden:

> 2, 3, 5, 7, 11, 13, 17, 19, 23, 29, 31, 37, 41, 43, 47, 53, 59, 61, 67, 71, 73, 79, 83, 89, 97.

Es gibt 25 Primzahlen unter den ersten hundert Zahlen.

Es gibt 21 zwischen 101 und 200.

Es gibt 16 zwischen 201 und 300.

Es gibt 17 zwischen 301 und 400.

Es gibt 14 zwischen 501 und 600.

Es gibt 16 zwischen 601 und 700.

Es gibt 14 zwischen 701 und 800.

Es gibt 15 zwischen 801 und 900.

Es gibt 14 zwischen 901 und 1.000.

Das heißt, es gibt 168 Primzahlen unter den ersten tausend Zahlen. An jeder beliebigen Primzahltabelle ist zu beobachten, dass die Folge immer »dünner« wird. Demnach haben wir 123 Primzahlen zwischen 1.001 und 2.000, 127 zwischen 2.001 und 3.000, 120 zwischen 3.001 und 4.000. Und so könnten wir immer weitermachen. Obschon dabei einige Fragen auftauchen ... viele Fragen. Zum Beispiel:

a) Wie viele Primzahlen gibt es?

b) Hören sie irgendwann auf?

c) Und wenn sie nicht aufhören, wie findet man sie alle?

d) Gibt es irgendeine Formel, die Primzahlen *erzeugt*?

e) Wie sind sie verteilt?

f) Wenn man auch *weiß*, dass es keine aufeinander folgenden Primzahlen geben kann, außer der 2 und der 3, wie viele benachbarte Zahlen können wir finden, ohne dass eine Primzahl auftaucht?

g) Was ist eine Primzahllücke?

h) Was sind *Primzahlzwillinge*? (Die Antwort findet sich im nächsten Kapitel)

In diesem Buch habe ich nur vor, ein paar dieser Fragen zu beantworten, optimal wäre allerdings, wenn der Leser dieser Aufzeichnungen so neugierig würde, dass er sich selbst einige Antworten überlegt beziehungsweise in den verschiedenen Büchern über dieses Thema (Zahlentheorie) nachliest, was man bisher darüber weiß und welche Fragen noch offen sind.

Das Ziel ist zu *beweisen*, dass die Primzahlen unendlich sind. Das heißt, dass die Liste niemals endet. Nehmen wir an, dem wäre nicht so. Gehen wir davon aus, dass sie sich bei unserem Versuch, sie »aufzulisten«, irgendwann erschöpfen.

Wir nennen sie also

$$p_1, p_2, p_3, p_4, p_5, \ldots, p_n$$

sodass sie schon in ansteigender Form geordnet sind.

$$p_1 < p_2 < p_3 < p_4 < p_5 < \ldots < p_n$$

In unserem Falle hieße das:

$$2 < 3 < 5 < 7 < 11 < 13 < 17 < 19 < \ldots < p_n$$

Wir nehmen also an, dass es n Primzahlen gibt. Und außerdem, dass p_n die größte von allen ist. Wenn es nur eine endliche Zahl von Primzahlen gibt, muss es auch eine größte geben. Das heißt: In einer endlichen Zahlenmenge muss eine die größte von allen sein. Das Gleiche ließe sich nicht behaupten, wenn die Menge unendlich wäre, da wir aber gerade annehmen, dass es nur eine endliche Menge von Primzahlen gibt, muss eine davon die größte und höchste sein. Diese Zahl nennen wir p_n.

Denken wir uns jetzt eine Zahl, die wir **N** nennen.

$$N = (p_1 \cdot p_2 \cdot p_3 \cdot p_4 \cdot p_5 \ldots p_n) + 1 \quad [4]$$

Sagen wir, sie bestünde allein aus Primzahlen:

2, 3, 5, 7, 11, 13, 17, 19,

dann wäre die neue Zahl **N**:

$$2 \cdot 3 \cdot 5 \cdot 7 \cdot 11 \cdot 13 \cdot 17 \cdot 19 + 1 = 9.699.691$$

Weil diese Zahl **N** aber größer ist als *die größte* aller Primzahlen[5], das heißt größer als p_n, kann sie demnach keine Primzahl sein (denn wir haben angenommen, dass p_n die *größte* aller Primzahlen ist).

Weil **N** also keine Primzahl sein kann, muss sie durch eine Primzahl *teilbar* sein.[6] Das heißt, da

$$p_1, p_2, p_3, p_4, p_5, \ldots, p_n$$

---

4   Das Symbol · benutzen wir, um eine »Multiplikation« oder ein »Produkt« darzustellen.

5   Um sich davon zu überzeugen, beachten Sie, dass $N > p_n 2 + 1$; das ist für unseren Beweis bereits ausreichend.

6   Eigentlich wäre ein Beweis dieser Tatsache notwendig; denken wir daran, dass eine Zahl, die *keine Primzahl* ist, mehr Teiler hat als eins und sich selbst. Ihr Teiler muss kleiner als sie selbst und größer als eins sein. Wenn dieser Teiler eine Primzahl ist, ist das Problem gelöst. Ist der Teiler jedoch keine Primzahl, wiederholen wir diesen Ablauf. Und da wir immer kleinere Teiler erhalten, wird ein Moment kommen (und dies kann ein formellerer Beweis zeigen), in dem das Verfahren sich erschöpft. Und diese Zahl schließlich ist die *Primzahl, nach der wir suchen.*

Primzahlen sind, muss sie durch eine von ihnen, sagen wir p_k, teilbar sein. Oder, anders ausgedrückt, **N** muss ein *Vielfaches* von p_k sein.

Das heißt:

$$N = p_k \cdot A$$

Da die Zahl $(p_1 \cdot p_2 \cdot p_3 \cdot p_4 \cdot p_5 \ldots p_n)$ auch ein Vielfaches von p_k ist, kämen wir nun zu dem Schluss, dass sowohl **N** als auch (**N** – 1) Vielfache von p_k sind. Das ist aber nicht möglich. Zwei aufeinander folgende Zahlen können niemals Vielfache derselben Zahl sein (außer der Eins).

Betrachten wir an einem Beispiel, wie der Beweis auszusehen hätte. Nehmen wir an, die Liste der Primzahlen (die nach unserer Annahme endlich ist) wäre folgende:

$$2 < 3 < 5 < 7 < 11 < 13 < 17 < 19$$

Wir nehmen also an, die 19 sei die größte Primzahl, die es gibt. In diesem Fall stellen wir folgende Zahl **N** her:

$$N = 2 \cdot 3 \cdot 5 \cdot 7 \cdot 11 \cdot 13 \cdot 17 \cdot 19 + 1 = 9.699.691$$

Auf der anderen Seite die Zahl

$$(2 \cdot 3 \cdot 5 \cdot 7 \cdot 11 \cdot 13 \cdot 17 \cdot 19) = 9.699.690 = N - 1.$$

Die Zahl **N** = 9.699.691 könnte keine Primzahl sein, weil wir annehmen, dass die größte von allen die Zahl 19 ist. Also muss diese Zahl **N** durch eine Primzahl teilbar sein. Demnach müsste diese Primzahl eine von denen sein, die wir kennen: 2, 3, 5, 7, 11, 13, 17 und/oder 19. Wählen

wir nun eine beliebige aus, um die Beweisführung fort-
zuführen (wenngleich Sie, wenn Sie wollen, auch zeigen
können, dass es falsch ist … **N** ist durch keine von ihnen
teilbar). Nehmen wir an, N ließe sich durch die Zahl 7
teilen.[7] Die Zahl (**N** – 1) ist aber offensichtlich auch ein
Vielfaches von 7.

Also hätten wir zwei aufeinander folgende Zahlen,
(**N** – 1) und **N**, die jeweils ein Vielfaches von 7 wären,
was natürlich unmöglich ist. Damit ist bewiesen, dass
die Annahme, es gäbe eine größte aller Primzahlen[8],
falsch ist, und dies schließt den Beweis.

Primzahlzwillinge

Wir wissen, dass es keine aufeinander folgenden Primzahlen geben kann, außer dem Paar {2, 3}. Das ist auch
ganz offensichtlich, wenn man bedenkt, dass von jedem
Paar benachbarter Zahlen eine gerade ist. Und die einzige *gerade Primzahl* ist die 2. Daher ist das einzige Paar
aufeinander folgender Primzahlen {2, 3}.

Wenn wir also wissen, dass es keine benachbarten Prim-
zahlen gibt, was passiert, wenn wir eine Zahl auslassen?
Das heißt, gibt es zwei aufeinander folgende ungerade
Zahlen, die Primzahlen sind? Die Paare {3, 5}, {5, 7},

---

7 Die Wahl der Zahl 7 als Teiler der Zahl N dient lediglich dem
Zweck, Sie zum Nachdenken anzuregen, aber natürlich hätte sie auch
mit jeder anderen funktioniert.
8 Was wir mit der Annahme, dass 19 die größte Primzahl sei, getan haben, war nur als Beispiel gedacht, das dazu dienen sollte, um den allgemeinen Gedankengang zu verstehen, der weiter oben dargestellt ist,
wobei die Primzahl p_n diejenige ist, die die Rolle der 19 übernimmt.

{11, 13}, {17, 19} zum Beispiel sind Primzahlen und zwei aufeinander folgende ungerade Zahlen.

Zwei Primzahlen, die um *zwei Einheiten* voneinander abweichen, wie in den vorstehenden Beispielen, *nennt man Primzahlzwillinge*. Das heißt, sie sind von der Art {p, p + 2}.

Der Erste, der sie »Primzahlzwillinge« nannte, war Paul Stäckel (1892–1919), wie aus der Bibliografie hervorgeht, die Tietze 1965 veröffentlichte.

Weitere Paare von Primzahlzwillingen:

{29, 31}, {41, 43}, {59, 61}, {71, 73}, {101, 103},
{107, 109}, {137, 139}, {149, 151}, {179, 181}, {191, 193},
{197, 199}, {227, 229}, {239, 241}, {281, 283} …

Man vermutet, dass es *unendlich viele Primzahlzwillinge* gibt. Aber bis heute, August 2005, weiß man noch nicht, ob es stimmt.

Das größte derzeit bekannte Paar von Primzahlzwillingen ist

$$(33.218.925) \cdot 2^{169.690} - 1$$

und

$$(33.218.925) \cdot 2^{169.690} + 1$$

Die 51.090-stelligen Zahlen wurden im Jahr 2002 entdeckt. Es gibt sehr viel Material, das über dieses Thema geschrieben wurde, aber bis heute bleibt die Vermutung unendlich vieler Primzahlzwillinge unbewiesen.

Primzahllücken

Eines der interessantesten Probleme der Mathematik ist der Versuch, ein Muster in der Verteilung der Primzahlen zu entdecken.

Das heißt: Wir wissen bereits, dass sie unendlich sind. Wir haben auch schon gesehen, was *Primzahlzwillinge* sind. Betrachten wir nun die ersten hundert natürlichen Zahlen. In dieser Gruppe gibt es 25 Primzahlen (sie erscheinen in Kursivschrift). Es ist leicht, *drei aufeinander folgende Zahlen* zu finden, *die keine Primzahlen sind*: 20, 21, 22. Auf der Liste sind noch mehr, aber egal. Suchen wir nun eine Folge von *vier benachbarten Zahlen, die keine Primzahlen sind:* 24, 25, 26, 27 (wenngleich man hier auch noch die 28 hinzufügen könnte). Und so lassen sich immer weiter »Folgen« von (benachbarten) Zahlen finden, die »keine Primzahlen« oder »zusammengesetzten Zahlen« sind.

2, *3*, 4, *5*, 6, *7*, 8, 9, 10, *11*, 12, *13*, 14, 15, 16, *17*, 18, *19*, 20, 21, 22, *23*, 24, 25, 26, 27, 28, *29*, 30, *31*, 32, 33, 34, 35, 36, *37*, 38, 39, 40, *41*, 42, *43*, 44, 45, 46, *47*, 48, 49, 50, 51, 52, *53*, 54, 55, 56, 57, 58, *59*, 60, *61*, 62, 63, 64, 65, 66, *67*, 68, 69, 70, *71*, 72, *73*, 74, 75, 76, 77, 78, *79*, 80, 81, 82, *83*, 84, 85, 86, 87, 88, *89*, 90, 91, 92, 93, 94, 95, 96, *97*, 98, 99, 100.

Die Frage ist: Können die Folgen jede beliebige Länge aufweisen? Das heißt: Wenn ich zehn benachbarte Zahlen haben will, von denen keine eine Primzahl ist, werde ich sie finden? Und wenn ich hundert aufeinander folgende Zahlen haben möchte, die alle zusammengesetzt sind? Und tausend?

Was ich versuchen will zu beweisen: dass man tatsächlich *beliebig große Folgen benachbarter Zahlen* »erzeugen« kann, *die keine Primzahl enthalten.* Dieser Umstand ist ziemlich bemerkenswert, wenn man bedenkt, dass die Zahl der Primzahlen unendlich ist. Sehen wir jedoch, wie man es beweisen kann.

Zunächst möchte ich hier einen Begriff einführen, der sehr nützlich und in der Mathematik sehr gebräuchlich ist: Das Produkt *aller Zahlen, die kleiner oder gleich n* sind, nennt man *Fakultät einer Zahl n und wird n! geschrieben.*

Zum Beispiel:

$1! = 1$ (und liest sich: *Die Fakultät von 1 ist gleich 1*)
$2! = 2 \cdot 1 = 2$ (*Die Fakultät von 2 ist gleich 2*)
$3! = 3 \cdot 2 \cdot 1 = 6$ (*Die Fakultät von 3 ist gleich 6*)
$4! = 4 \cdot 3 \cdot 2 \cdot 1 = 24$
$5! = 5 \cdot 4 \cdot 3 \cdot 2 \cdot 1 = 120$
$6! = 6 \cdot 5 \cdot 4 \cdot 3 \cdot 2 \cdot 1 = 720$
$10! = 10 \cdot 9 \cdot 8 \cdot 7 \cdot 6 \cdot 5 \cdot 4 \cdot 3 \cdot 2 \cdot 1 = 3.628.800$

Wie man sieht, nimmt die Fakultät sehr schnell zu.

Im Allgemeinen:

$$n! = n \cdot (n-1) \cdot (n-2) \cdot (n-3) \ldots 4 \cdot 3 \cdot 2 \cdot 1$$

Auch wenn es so erscheinen mag, als wäre diese Definition willkürlich, und man ihren Nutzen nicht klar versteht, ist es eine Notwendigkeit, die *Fakultät einer Zahl* zu definieren, um *jegliches kombinatorische Problem* anzugehen, das heißt jegliches Problem, das Zählen mit einbezieht. Aber wieder einmal geht dies über das Ziel dieses Buches hinaus.

Dennoch lohnt es sich festzuhalten (und es ist wichtig, dass Sie darüber nachdenken), dass die Fakultät einer Zahl *n* tatsächlich *ein Vielfaches von n und aller Zahlen ist, die ihm vorausgehen.*

Das heißt:

> 3! = 3 · 2 ist ein Vielfaches von 3 und von 2.
> 4! = 4 · 3 · 2 ist ein Vielfaches von 4 sowie von 3 und von 2.
> 5! = 5 · 4 · 3 · 2 ist ein Vielfaches von 5, von 4, von 3 und von 2.

Daraus folgt:

> n! ist ein Vielfaches von n, (n-1), (n-2), (n-3), …, 4, 3 und von 2.

Eine letzte Sache, bevor wir das Problem der »Folgen« *zusammengesetzter* oder »nichtprimer« Zahlen in Angriff nehmen. Wenn zwei Zahlen gerade sind, ist ihre Summe gerade. Das heißt, wenn zwei Zahlen Vielfache von 2 sind, gilt dies für die Summe auch. Wenn zwei Zahlen Vielfache von 3 sind, gilt dies für die Summe auch. Wenn zwei Zahlen Vielfache von 4 sind, gilt dies für die Summe auch. Durchschauen Sie das Konzept? Wenn zwei Zahlen Vielfache von k sind, ist die Summe auch ein Vielfaches von k (für jedes k) (ich schlage Ihnen vor, dass Sie den Beweis erbringen, was sehr leicht ist).

Ich fasse zusammen:

a) Die Fakultät von n (das heißt n!) ist ein Vielfaches der Zahl n und aller Zahlen kleiner als n.

b) Wenn zwei Zahlen Vielfache von k sind, dann gilt dies für die Summe auch.

Mit diesen beiden Formeln gehen wir das Problem an.

Zur Übung werde ich einige Beispiele zeigen, damit der Leser auf die allgemeine Vorgehensweise schließen kann.

Suchen wir, ohne dabei in der Tabelle der primen und »nichtprimen« bzw. zusammengesetzten Zahlen nachsehen zu müssen, drei benachbarte zusammengesetzte Zahlen:

$$4! + 2$$
$$4! + 3 \hspace{4cm} (*)$$
$$4! + 4$$

Diese drei Zahlen folgen aufeinander. Jetzt *werden wir feststellen, dass sie außerdem zusammengesetzt sind*. Sehen wir uns die erste an: $4! + 2$. Der erste Summand, $4!$, ist ein Vielfaches von 2 (wegen Punkt a). Auf der anderen Seite ist der zweite Summand, 2, offensichtlich ein Vielfaches von 2. Also ist wegen Punkt b) die Summe der zwei Zahlen ($4! + 2$) ein Vielfaches von 2.

Die Zahl $4! + 3$ ist aus zwei Summanden zusammengesetzt. Der erste, $4!$, ist wegen Punkt a) ein Vielfaches von 3. Und der zweite Summand, 3, ist ebenfalls ein Vielfaches von 3. Aufgrund von Punkt b) ist die Summe ($4! + 3$) dann ein Vielfaches von 3.

Die Zahl $4! + 4$ ist auch aus zwei Summanden zusammengesetzt. Der erste, $4!$, ist wegen Punkt a) ein Vielfaches von 4. Und der zweite Summand, 4, ist auch ein Vielfaches von 4. Aufgrund von Punkt b) ist die Summe (4! + 4) dann ein Vielfaches von 4.

Die drei Zahlen, die in (*) auftauchen, sind definitiv aufeinander folgend, und keine der drei kann eine Primzahl sein, weil die erste ein Vielfaches von 2, die zweite ein Vielfaches von 3 und die vierte ein Vielfaches von 4 ist.

Nach derselben Idee bilden wir jetzt zehn *aufeinander folgende* Zahlen, die keine Primzahlen sind, oder auch zehn *aufeinander folgende* Zahlen, die zusammengesetzt sind:

$$11! +\ \ 2 \text{ (ist ein Vielfaches von 2)}$$
$$11! +\ \ 3 \text{ (ist ein Vielfaches von 3)}$$
$$11! +\ \ 4 \text{ (ist ein Vielfaches von 4)}$$
$$11! +\ \ 5 \text{ (ist ein Vielfaches von 5)}$$
$$11! +\ \ 6 \text{ (ist ein Vielfaches von 6)}$$
$$11! +\ \ 7 \text{ (ist ein Vielfaches von 7)}$$
$$11! +\ \ 8 \text{ (ist ein Vielfaches von 8)}$$
$$11! +\ \ 9 \text{ (ist ein Vielfaches von 9)}$$
$$11! + 10 \text{ (ist ein Vielfaches von 10)}$$
$$11! + 11 \text{ (ist ein Vielfaches von 11)}$$

Diese zehn Zahlen sind aufeinander folgend und zusammengesetzt. Demnach erfüllen sie die Forderung. Wenn ich Sie jetzt bitten würde, hundert benachbarte zusammengesetzte Zahlen zu bilden, würde es Ihnen gelingen? Ich bin sicher, das würde es, wenn Sie dem Muster der beiden vorherigen Beispiele folgen.[9]

9 Hilfe: Die erste wäre beispielsweise 101! + 2. Dann 101! + 3, 101! + 4, …, 101! + 99, 101! + 100, 101! + 101. Natürlich sind dies aufeinander folgende Zahlen. Wie viele sind es? Machen Sie die Probe und finden Sie es heraus. Außerdem sind sie alle zusammengesetzt – oder keine

Im Allgemeinen macht man Folgendes, wenn man n aufeinander folgende zusammengesetzte Zahlen erzeugen muss:

$$(n+1)! + 2$$
$$(n+1)! + 3$$
$$(n+1)! + 4$$
$$(n+1)! + 5$$
$$\ldots$$
$$(n+1)! + n$$
$$(n+1)! + (n+1)$$

Dies sind n Zahlen (und ich bitte Sie, sie zu zählen, hören Sie auf mich – denn Sie scheinen mir noch nicht sehr überzeugt …), und sie sind aufeinander folgend; darüber hinaus ist die erste ein Vielfaches von 2, die zweite ein Vielfaches von 3, die nächste ein Vielfaches von 4 usw., bis zur letzten, die ein Vielfaches von (n+1) ist.
Das heißt, diese Liste erfüllt unsere Bedingung: Wir haben *n aufeinander folgende zusammengesetzte Zahlen* gefunden.

→ **Fazit:** Hat man es mit großen – sehr großen – Zahlen zu tun, tauchen viele viele (und das ist jetzt kein Druckfehler … es sind wirklich viele) zusammengesetzte Zahlen auf. Aber das heißt auch, dass sich Primzahl*lücken* finden lassen. Eine Primzahllücke ist ein Intervall der natürlichen Zahlen, in dem *es keine Primzahl gibt*.

Primzahlen –, denn die erste ist ein Vielfaches von 2, die zweite ein Vielfaches von 3, die dritte ein Vielfaches von 4 … usw. Die letzte ist ein Vielfaches von 101.

Ich denke, infolge oben stehender Erklärung müssten Sie in der Lage sein, jegliche Herausforderung beim Auffinden von Lücken (so groß, wie man sie von Ihnen verlangt) anzunehmen.

Die Zahl e

Ich möchte hier ein Problem aufwerfen, bei dem es darum geht, Geld, das einen bestimmten Zins abwerfen soll, bei einer Bank anzulegen.
Um die Darstellung klarer zu machen, werde ich ein Beispiel anführen. Wir nehmen an, eine Person hat ein Kapital von einem Peso. Ferner nehmen wir an, der Zins, der jährlich für diesen Peso bezahlt wird, beträgt 100 %. Ich weiß … bei diesem Zinssatz ist klar, dass die Bank zusammenbricht, noch bevor sie begonnen hat, und dass dieses Beispiel zum Scheitern verurteilt ist. Aber folgen Sie mir bitte trotzdem, denn nun wird es interessant.

> Kapital: 1 Peso
> Zins: 100 % pro Jahr

Wenn man die Investition in der Bank tätigt und dann nach Hause geht, wie viel Geld hat man, wenn man nach genau einem Jahr zurückkehrt? Ganz klar: Da der Zins 100 % beträgt, hat der Herr nach einem Jahr zwei Pesos: einen, der seinem Kapital entspricht, und einen als Ergebnis des Zinses, den die Bank bezahlt hat. Bis hierher ist alles klar:

> Kapital nach einem Jahr: 2 Pesos

Nehmen wir jetzt an, der Herr beschließt, sein Geld nicht für ein Jahr, sondern nur für sechs Monate anzulegen. Der Zins wird (im Verlaufe dieses gesamten Beispiels) konstant bleiben: Er wird immer 100 % betragen. Wie viel Geld hat der Herr also nach sechs Monaten? Ist es klar, dass er 1,5 Pesos besitzt?

Dies ist der Fall, weil das Kapital unberührt bleibt: Es ist immer noch ein Peso. Da der Zins hingegen 100 % beträgt, er aber das Geld nur die Hälfte des Jahres in der Anlage beließ, gebührt ihm ein Zins für die Hälfte, die er investiert hat, und daher bekommt er $ 0,50 Zinsen. Das heißt, sein neues Kapital beträgt $ 1,5.

Wenn der Herr nun beschließt, *sein neues Kapital wieder bei derselben Bank zum selben Zins (100 %) und für weitere sechs Monate zu investieren*, sodass man wieder auf ein Jahr kommt wie vorher, wie viel Geld hat er jetzt?

Neues Kapital: 1,5
Zins: 100 % pro Jahr
Laufzeit der Anlage: 6 Monate

Am Ende des Jahres hat der Herr

$$1,5 + 1/2 \, (1,5) = 2,25$$

Warum? Weil das Kapital, das er nach den ersten sechs Monaten hatte, nicht berührt wird: $ 1,5. Der neue Zins, den er einnimmt, bezieht sich auf die Hälfte des Kapitals, da er das Geld zu einem Zinssatz von 100 %, aber nur für *sechs Monate* anlegt. Daher hat er $1/2 \, (1,5) = 0,75$ neues Kapital, das ihm die Bank als Ergebnis der angefallenen Zinsen gewährt.

➜ **Fazit:** Es lohnt sich für den Herrn (sofern die Bank es ihm gestattet), das Geld zunächst für sechs Monate anzulegen und dann die feste Laufzeit für weitere sechs Monate zu erneuern. Wenn wir das mit dem vergleichen, was er im ersten Fall bekommen hätte: Am Jahresende hatte er zwei Pesos. Wenn er hingegen nach der Hälfte reinvestiert, hat er nach 365 Tagen $ 2,25.

Nehmen wir nun an, der Herr legt denselben Peso an, den er ursprünglich hatte, aber diesmal nur für vier Monate. Nach diesen vier Monaten reinvestiert er das Geld für weitere vier Monate. Und schließlich tätigt er die letzte Reinvestition (immer mit demselben Kapital) bis zum Ablauf des Jahres. Wie viel Geld hat er nun?

Mir ist klar, dass Sie jetzt auf dieser Seite weiterlesen und die Lösung finden können, aber es ist immer wünschenswert, dass die Leser eine minimale Anstrengung vollbringen (wenn Sie es denn wünschen), selbst zu überlegen.

Wie dem auch sei, hier kommt die Lösung. Wir werden sehen, ob sie verständlich ist.

Am Anfang des Jahres hat der Herr:

$$1$$

Nach vier Monaten (das heißt nach Ablauf von 1/3 des Jahres) hat er:

$$(1+1/3)$$

Nach weiteren vier Monaten (also nach insgesamt acht) hat er

$$(1+1/3) + 1/3 \, (1+1/3) = (1+1/3) \, (1+1/3) = (1+1/3)^2$$

(Dies ist der Fall, da nach vier Monaten das Kapital (1+1/3) beträgt und er nach weiteren vier Monaten *das Kapital plus ein Drittel dieses Kapitals* haben wird. Der nächste Schritt besteht darin, auf der linken Seite der Gleichung »den gemeinsamen Faktor (1+1/3) auszuklammern«, mit dem Ergebnis $(1+1/3)^2$.)

Wenn der Herr also $(1+1/3)^2$ für weitere vier Monate investiert, wird er am Jahresende das Kapital $(1+1/3)^2$ *plus* (1/3) dieses Kapitals haben. Das heißt:

$$(1+1/3)^2 + 1/3 \, (1+1/3)^2 = (1+1/3)^2 \, (1+1/3) = (1+1/3)^3$$
$$= 2{,}37037037\ldots \text{[10)]}$$

Wie Sie sicher bemerken, geraten wir nun in Versuchung, das Geld nicht nur alle vier Monate, sondern alle drei Monate neu anzulegen. Ich bitte Sie, dies selbst nachzurechnen, aber das Ergebnis schreibe ich auf. Nach einem Jahr hat der Herr ein Kapital von

$$(1+1/4)^4 = 2{,}44140625$$

Wenn er dies alle zwei Monate tun würde, müsste er sein Geld sechs Mal pro Jahr reinvestieren:

$$(1+1/6)^6 = 2{,}521626372\ldots$$

---

10 Von jetzt an werde ich die ersten Ziffern der Dezimalbruchentwicklung jeder Zahl, die im Text auftaucht, benutzen. In diesem Fall ist die Zahl $(1+1/3)^3$ nicht gleich 2,37037037, es handelt sich vielmehr um eine Annäherung mit Beschränkung auf die ersten neun Ziffern.

Wenn er dies einmal pro Monat tun würde, würde er *zwölf* Mal pro Jahr reinvestieren:

$$(1+1/12)^{12} = 2{,}61303529\ldots$$

Wie Sie sehen, lohnt es sich für den Herrn, sein Geld fest anzulegen, aber mit immer kürzerer Laufzeit, und jeweils das erzielte Kapital zu reinvestieren (immer zu demselben Zinssatz).

Nehmen wir an, die Bank würde dem Herrn erlauben, seine Laufzeit *täglich* zu erneuern. In diesem Fall hätte der Herr

$$(1+1/365)^{365} = 2{,}714567482\ldots$$

Bei einer stündlichen Reinvestition hätte er (da das Jahr 8.760 Stunden hat):

$$(1+1/8760)^{8760} = 2{,}718126692\ldots$$

Gestattete man ihm, dies einmal pro Minute zu tun, beliefe sich sein Kapital (da das Jahr 525.600 Minuten hat) auf

$$(1+1/525.600)^{525.600} = 2{,}718279243\ldots$$

Und schließlich nehmen wir an, man erlaubte ihm, *einmal pro Sekunde* neu anzulegen.

In diesem Fall hätte er am Ende eines Jahres (bei 34.536.000 Sekunden pro Jahr)

$$(1+1/34.536.000)^{34.536.000} = 2{,}718281793\ldots$$

→ **Fazit:** Wenngleich wir feststellen, dass der Gewinn nach Ablauf des Jahres jedes Mal höher ist, *vermehrt sich das Geld, das man am Ende hat, nicht in gleicher Weise.*

Ich werde die Liste, die wir soeben geschrieben haben, zusammenfassen:

Anzahl der jährlichen Reinvestitionen

  1 Mal pro Jahr, 2
  2 Mal pro Jahr, 2,25
  3 Mal pro Jahr (alle vier Monate), 2,37037037…
  4 Mal pro Jahr (alle drei Monate), 2,44140625…
  6 Mal pro Jahr (alle zwei Monate), 2,521626372…
  12 Mal pro Jahr (monatlich), 2,61303529…
  365 Mal pro Jahr (täglich), 2,714567482…
  8.760 Mal pro Jahr (stündlich), 2,718126692…
  525.600 Mal pro Jahr (einmal pro Minute),
  2,71827943…
  34.536.000 Mal pro Jahr (einmal pro Sekunde),
  2,718281793…

Interessant ist, dass diese Zahlen zwar steigen, je öfter der Zins fällig ist, dies aber nicht in *willkürlicher* oder *unkontrollierter* Weise geschieht. Im Gegenteil: Sie haben eine Grenze, sie sind *begrenzt.* Und der obere Grenzwert (das heißt, wenn man ihn imaginär jeden Moment mit sofortiger Wirkung erneuern könnte) ist als Zahl e bekannt (die Basis der natürlichen Logarithmen, was in diesem Zusammenhang aber unwichtig ist). Sie ist nicht nur die obere Grenze, sondern auch die Zahl, der sich die Folge, die wir schaffen, indem wir die

Fristen für die Reinvestition ändern, immer weiter annähert.

Die Zahl *e* ist eine *irrationale* Zahl. Ihre ersten Dezimalziffern sind:

$$e = 2{,}718281828\ldots\text{[11]}$$

Die Zahl *e* ist eine der wichtigsten Zahlen im täglichen Leben, wenngleich ihre Relevanz dem großen Publikum im Allgemeinen verborgen bleibt. Es gäbe noch viel mehr über sie zu erzählen, allerdings nicht hier und jetzt. An dieser Stelle begnügen wir uns damit, ihr Erscheinen in diesem Szenario hervorzuheben, und zwar als *Grenzwert (und auch als obere Grenze) des Wachstums eines Kapitals von $ 1 zu einem Zinssatz von 100 % pro Jahr, der periodisch erneuert wird.*

Verschiedene Arten von Unendlichkeit

Zählen

Ein Kind kann bereits zählen, wenn es noch sehr klein ist. Aber was heißt *zählen*? Wenn man eine Menge von irgendwelchen Dingen besitzt, sagen wir eine Schallplattensammlung, was tut man de facto, um herauszufinden, wie viele man hat? Die Antwort erscheint offensichtlich

---

11 Diese Zahl hat eine unendliche Dezimalbruchentwicklung und gehört zur selben Kategorie wie die Zahl π (Pi), insofern, als sie sowohl eine irrationale als auch transzendente Zahl ist (zumal sie nicht Wurzel eines Polynoms mit ganzen Koeffizienten ist).

(und das ist sie auch). Ich will die Frage trotzdem beantworten. Die Antwort lautet: Um herauszufinden, wie viele Platten man in seiner Sammlung hat, muss man hingehen und sie zählen.

Einverstanden. Das ist ein Schritt, den man tun muss. Aber was bedeutet zählen? Sie gehen zu dem Ort, wo Sie die Schallplatten aufbewahrt haben, und beginnen: 1, 2, 3 ... usw.

Aber:

a) Um zählen zu können, muss man die Zahlen kennen (in diesem Fall die natürlichen Zahlen).

b) Die Zahlen, die wir benutzen, sind geordnet, aber ihre Ordnung *interessiert uns nicht.* Verstehen Sie, was ich meine? Uns interessiert nur, *wie viele Sie haben,* nicht, wie jede einzelne angeordnet ist. Wenn ich Sie darum bitten würde, sie *nach Ihren Vorlieben zu ordnen,* ja, dann wäre die Reihenfolge wichtig. Aber um zu wissen, wie viele es sind, ist die Ordnung irrelevant.

c) Sie wissen, dass der Vorgang begrenzt ist. Das heißt, egal wie groß Ihre Plattensammlung ist, irgendwann endet sie.

Nehmen wir jetzt an, wir wären in einem Kino. Das Publikum für die nächste Vorstellung ist noch nicht eingelassen worden. Wir wissen, dass draußen viele Leute in der Schlange stehen und darauf warten, dass sich die Türen öffnen.

Wie ließe sich feststellen, ob das Kino über ausreichend Sitze verfügt, um allen Wartenden einen Platz bieten zu können? Oder was würden wir höchstwahrscheinlich tun, um festzustellen, ob es mehr Sitze als Personen gibt oder mehr Personen als Sitze oder ob es die gleiche Anzahl ist? Natürlich ist zunächst jeder versucht, folgende Antwort zu geben: »Sehen Sie. Ich zähle die Sitze, die es gibt. Dann zähle ich die Leute. Und zum Schluss vergleiche ich die Zahlen.«

Das verlangt, dass wir *zwei Mengen zählen*. Zuerst müssen wir *die Sitze und danach (oder vorher) die Personen zählen*.

Müssen wir *zählen können*, um herauszufinden, ob es mehr Sitze als Personen oder Personen als Sitze oder gleich viele gibt? Diese Frage könnten wir folgendermaßen beantworten: Öffnen wir die Türen des Kinos, lassen wir die Leute hineingehen und sich setzen, wo sie wollen, und wenn dieser Vorgang beendet ist, ich wiederhole, wenn er *beendet ist* (denn sowohl die Sitze als auch die Leute *sind endliche Mengen*), sehen wir nach, ob es noch freie Plätze gibt; das hieße, dass mehr Sitze als Personen da wären. Wenn Leute zu sehen sind, die stehen und keinen Sitzplatz haben (mehr als ein Sitz pro Person ist nicht erlaubt), dann sind mehr Leute im Kino, als es Plätze gibt. Und wenn kein Sitz übrig bleibt und niemand steht, ist die Zahl der Sitze und die der Personen genau gleich. Das Bemerkenswerte daran ist, dass wir die Frage beantworten können, ohne zu zählen. Ohne die Zahl der Personen oder der Sitze überhaupt zu kennen.

Das ist nicht unwichtig in diesem Zusammenhang: Was wir tun, ist, die beiden Mengen *zu vergleichen*. Es ist so, als hätten wir zwei Beutel: einen, in dem die Personen sind, und einen anderen, in dem die Sitze sind. Dann ziehen wir »Pfeile«, die jeder Person einen Sitz »zuweisen«.

Das Gleiche ließe sich auch mit den Kinokarten herausfinden. Ob Eintrittskarten übrig bleiben oder fehlen
oder ob es die gleiche Menge gibt, es ist so, als würden
wir Pfeile ziehen. Und das Gute an diesem Verfahren ist,
dass man nicht zählen können muss.

Der zweite wichtige Schritt ist zu erkennen, dass ich genauso wenig auf das Zählen angewiesen bin, wenn ich
die Zahl der Elemente zweier Mengen vergleichen will.
Es genügt, sie einander *paarweise zuzuordnen*, *Pfeile*
zwischen die eine und die andere zu setzen.

Nur um uns über die Begriffe zu einigen, werden wir *die
Zahl der Elemente einer Menge A Kardinalzahl* dieser
Menge A nennen (und sie # (A) *schreiben*).

Zum Beispiel:

- (die Kardinalzahl der Menge »Stammspieler einer
  Profi-Fußballmannschaft«) = # {Stammspieler einer
  Profi-Fußballmannschaft} = 11,
- (die Kardinalzahl der Menge »Präsidenten der Na-
  tion«) = # {Präsidenten der Nation} = 1,
- (die Kardinalzahl der Menge »staatliche Universitäten in Argentinien« = # {staatliche Universitäten in
  Argentinien} = 36,
- (die Kardinalzahl der Menge »Himmelsrichtungen« =
  # {Himmelsrichtungen} = 4.

Wie wir gesehen haben, müssen wir, um *die Kardinalzahlen zweier Mengen zu vergleichen*, nicht *von jeder
einzelnen die Kardinalzahl wissen, um zu erkennen,
welche die größere ist oder ob sie gleich sind*. Es genügt,
die Elemente beider Mengen paarweise zusammenzustellen. Es sollte also klar sein, dass man sich von dem

Prozess des Zählens *befreit*, um Kardinalzahlen zu vergleichen. Denn dies wird gerade dann sehr wichtig sein, wenn wir ebenjenen Begriff des Zählens »verallgemeinern« müssen.

Eine letzte Beobachtung, bevor wir zu den unendlichen Mengen übergehen. Die natürlichen Zahlen sind bekannt und in diesem Buch oft genug erwähnt:

$$N = \{1, 2, 3, 4, 5 \dots\}$$

Wir werden die *Teilmenge {1, 2, 3, ... (n-2), (n-1), n} Intervall der natürlichen Zahlen der Länge n nennen.* Dieses Intervall werden wir $[1, n]$ schreiben.

Zum Beispiel das *Intervall der natürlichen Zahlen der Länge fünf*:

$$[1, 5] = \{1, 2, 3, 4, 5\}$$
$$[1, 35] = \{1, 2, 3, 4, 5, 6, 7, \dots, 30, 31, 32, 33, 34, 35\}$$
$$[1, 2] = \{1, 2\}$$
$$[1, 1] = \{1\}$$

Demnach dürfte klar sein, dass all diese »Intervalle natürlicher Zahlen« mit der Zahl Eins beginnen; die Definition lautet demnach:

$$[1, n] = \{1, 2, 3, 4, 5, \dots, (n-3), (n-2), (n-1), n\}.$$

Tatsächlich können wir sagen, *die Elemente einer endlichen Menge zu zählen* bedeutet, die Elemente der Menge, die man uns vorgegeben hat, und ein beliebiges *Intervall natürlicher Zahlen* »paarweise zusammenzustellen«, sie einander *zuzuordnen* oder »Pfeile zu setzen«. Abhängig von *n* sagen wir, die Menge hat die *Kardinalzahl n*. Oder, anders ausgedrückt, die Menge hat *n* Elemente.

Wenn wir das einmal verstanden haben, wissen wir, was die *endlichen* Mengen sind. Das Gute ist, dass uns diese Definition auch dabei hilft zu verstehen, was eine *unendliche* Menge bedeutet.

Welche Definition soll man geben? Bevor ich eine versuchsweise Definition aufschreibe, hören Sie einen Augenblick auf Ihre Intuition: Wann würden Sie sagen, dass eine Menge unendlich ist? Und auf der anderen Seite, wenn Sie an diese Definition denken, an welche Menge denken Sie? Welches Beispiel haben Sie zur Hand?

Die Definition einer *unendlichen* Menge, die ich vorgeben werde, wird Ihnen erstaunlich erscheinen, aber das Bemerkenswerte ist, dass sie am offenkundigsten ist: Wir nennen eine Menge *unendlich*, wenn sie nicht endlich ist. Was sagt uns das? Dass wir, wenn man uns eine Menge A gibt und uns bittet zu entscheiden, ob sie endlich oder unendlich ist, versuchen müssen, ein *Intervall natürlicher Zahlen zu finden, dem sie sich paarweise zuordnen lässt*. Wenn man auf eine *natürliche Zahl n* stößt, sodass man das Intervall [1, n] und die Menge A einander in Entsprechung setzen kann, hat man die Antwort: Die Menge ist *endlich*. Sind wir allen Bemühungen zum Trotz jedoch nicht in der Lage, ein solches Intervall natürlicher Zahlen zu finden, oder – was auf das Gleiche hinausläuft –, ist jedes Intervall natürlicher Zahlen, das wir finden, zu *klein*, so ist die Menge A *unendlich*.

Beispiele für unendliche Mengen:

a) die natürlichen Zahlen (alle)
b) die geraden Zahlen
c) die Zahlen, die Vielfache von 5 sind
d) die Punkte eines Intervalls
e) die Punkte eines Dreiecks
f) die Zahlen, die *keine Vielfachen von 7 sind*.

Ich bitte Sie, weitere Beispiele zu suchen.[12]

Beschäftigen wir uns nun ein bisschen mit den unendlichen Mengen. In diesem Buch gibt es mehrere Beispiele (Hotel Hilbert, Menge und Verteilung der Primzahlen), die der Intuition zuwiderlaufen. Und das ist wunderbar: Die Intuition *entwickelt und verbessert sich* wie jede andere Sache auch. *Unsere Intuition verändert sich* mit jeder neuen Information, die wir erhalten. Je mehr man daran gewöhnt ist, über verschiedene Dinge nachzudenken, desto *besser bereitet man sich darauf vor, neue Ideen zu entwickeln*.

Halten Sie sich also gut fest, wenn wir nun unsere Reise durch die Welt der *unendlichen* Mengen beginnen. Schnallen Sie sich an und stellen Sie sich darauf ein, anders zu denken.

---

12 Die leere Menge ist die einzige, die die »Kardinalzahl« Null hat. Auf diese Weise wird der logische »Engpass« überwunden, der andernfalls entstehen würde – denn die »leere Menge« wäre nicht »endlich«, weil sie sich keinem Intervall natürlicher Zahlen »zuordnen« lässt. Sie wäre also »unendlich«. Dieses logische Hindernis kann überwunden werden, indem man entweder die »leere Menge« aus der Diskussion ausschließt oder – wie ich – sagt, dass die »leere Menge« die einzige ist, die die »Kardinalzahl Null« hat.

Problem

Einige Absätze weiter oben haben wir gesehen, wie man herausfinden kann, welche von zwei Mengen mehr Elemente hat (oder ob sie die gleiche Kardinalzahl haben). Wir haben gesehen – um es noch einmal deutlich zu machen –, dass zwei Mengen *gleich mächtig* sind, wenn sie die gleiche Kardinalzahl besitzen. Das heißt, wenn sie die gleiche *Anzahl an Elementen* haben. Wie wir gesehen haben, müssen wir nicht mehr im klassischen Sinne zählen. Wir wissen zum Beispiel, dass die Menge aller natürlichen Zahlen eine *unendliche* Menge ist.

Was aber ist mit den geraden Zahlen? Ich schlage vor, Sie übernehmen die Aufgabe zu *beweisen*, dass sie ebenso unendlich sind oder, anders gesagt, dass die geraden Zahlen *eine unendliche Menge bilden*.

Die Frage, deren Antwort im Widerspruch zur Intuition zu stehen scheint, ist jedoch die: Wenn N alle Zahlen sind und P die geraden Zahlen, in welcher Menge sind mehr Elemente? Ich weiß, dass dies unmittelbar zu einer Antwort herausfordert (*alle Zahlen müssen mehr sein, denn die geraden Zahlen sind* in allen *enthalten*). Aber diese Antwort basiert auf einer Grundlage, von der wir nicht mehr wissen, ob sie auf unendliche Mengen zutrifft: Ist es wahr, dass es weniger *gerade Zahlen* gibt, nur weil sie ein Teil aller Zahlen sind? Warum versuchen wir nicht das, was wir am Beispiel der Sitzplätze und Personen gelernt haben, auch hier anzuwenden? Was müssten wir tun? Wir müssten versuchen, alle Zahlen den geraden Zahlen *zuzuordnen, sie paarweise zusammenzustellen oder mit Pfeilen zu verbinden*. Das wird uns die korrekte Antwort geben.

Fangen wir an. Auf der einen Seite haben wir einen Beutel mit allen natürlichen Zahlen, die die Menge N bilden. Auf der anderen Seite, in einem anderen Beutel, sind die geraden Zahlen, die die Menge P bilden.

Ich nehme also folgende Zuordnung vor (wobei zu berücksichtigen ist, dass links die Zahlen der Menge N und rechts die Elemente der Menge P stehen):

$$1 \leftrightarrow 2$$
$$2 \leftrightarrow 4$$
$$3 \leftrightarrow 6$$
$$4 \leftrightarrow 8$$
$$5 \leftrightarrow 10$$
$$6 \leftrightarrow 12$$
$$7 \leftrightarrow 14$$

(Verstehen Sie, was ich mache? Wir *ordnen jeder Zahl aus N eine Zahl aus P zu*.)

Das heißt, wir ordnen jeder links stehenden Zahl jeweils ihr Doppeltes zu. Der Zahl n wird also die Zahl $2n$ zugeordnet. Zum Beispiel entspricht der Zahl 103 die 206, der Zahl 1.751 die 3.502 usw.

Fest steht also, dass jeder Zahl links eine Zahl auf der rechten Seite gegenübersteht. Und dass jede Zahl auf der rechten Seite gerade ist. Es wird auch klar, dass jeder geraden Zahl (rechts) eine Zahl auf der linken entspricht (genau die Hälfte). Und dass es *eine bijektive Abbildung oder Entsprechung zwischen beiden Mengen* gibt. Das Verfahren zeigt also, dass *es die gleiche Menge an natürlichen wie geraden Zahlen gibt*. Diese Behauptung widerspricht anfangs zwar der Intuition. Aber es ist so. Von dem Problem, *zählen* zu müssen, befreit – denn in diesem Fall könnten wir gar nicht zählen, da es kein Ende geben würde, wenn die Mengen unendlich sind –, haben wir schließlich Folgendes getan: Wir haben gezeigt, dass N und P gleich mächtig sind. Das heißt, dass sie die gleiche Zahl an Elementen haben.

Auf diesem Wege wird ein Argument zunichte gemacht, das nur für endliche Mengen gültig ist. Denn wie wir am vorangehenden Beispiel gesehen haben, gilt für unendliche Mengen: *Auch wenn eine Menge in einer anderen enthalten ist, bedeutet dies nicht, dass diese aus diesem Grund weniger Elemente hätte.*[13]

Jetzt haben wir schon ein neues Spielzeug. Damit können wir uns eine Weile beschäftigen und fragen: Was ist mit den ungeraden Zahlen? Gut, ich nehme an, dass jeder, der dem Gedankengang der vorhergehenden Absätze gefolgt ist, in der Lage ist festzustellen, dass es auch genauso viele ungerade Zahlen wie natürliche Zahlen gibt. Und natürlich gibt es genauso viele ungerade wie gerade Zahlen.

An diesem Punkt sollte ich darauf hinweisen, dass die *Kardinalzahl* der unendlichen Mengen, die wir bis hierher gesehen haben (natürliche, gerade und ungerade Zahlen), »Aleph Null« heißt. (Aleph ist der erste Buchstabe des hebräischen Alphabets, und Aleph Null ist der Begriff, der allgemein gebraucht wird, um die *Mächtigkeit einer Menge mit der Mächtigkeit der Menge der natürlichen Zahlen zu vergleichen.*)

---

13 In einigen Büchern gilt darüber hinaus die *Definition einer unendlichen Menge* als eine Menge, die eigene Teilmengen hat (also Mengen, die *nicht die ganze Menge sind*), die sich bijektiv auf *die ganze Menge* abbilden lassen.

Was geschieht nun, wenn wir die ganzen Zahlen betrachten? Erinnern Sie sich, dass die ganzen Zahlen *alle natürlichen Zahlen* sind, zu denen aber noch *die Null und alle negativen Zahlen* hinzugefügt werden. Die ganzen Zahlen werden mit dem Buchstaben Z bezeichnet (vom deutschen Wort Zahl) und lauten:

$$\{\ldots -5, -4, -3, -2, -1, 0, 1, 2, 3, 4, 5, \ldots\}$$

Es ist also klar, dass die ganzen Zahlen eine unendliche Menge bilden. Bei der Gelegenheit ist es gut festzustellen, dass eine Menge, die als *Teilmenge* eine unendliche Menge enthält, auch unendlich sein muss. (Hätten Sie keine Lust, allein darüber nachzudenken?)

Jetzt aber kehren wir zum ursprünglichen Problem zurück. Was geschieht mit Z? Das heißt, was geschieht mit den ganzen Zahlen? Sind es mehr als die natürlichen Zahlen?

Um zu zeigen, dass die Kardinalzahl von beiden Mengen die gleiche ist, müssen wir Folgendes tun: eine bijektive Entsprechung finden (das heißt Pfeile, die einer Menge entspringen und zur anderen gelangen, ohne ein Element beider Mengen »frei« zu lassen).

Machen wir folgende Zuordnungen:

Der   0 ordnen wir die 1 zu.
Der −1 ordnen wir die 2 zu.
Der +1 ordnen wir die 3 zu.
Der −2 ordnen wir die 4 zu.
Der +2 ordnen wir die 5 zu.
Der −3 ordnen wir die 6 zu.
Der +3 ordnen wir die 7 zu.

Und so können wir *jeder ganzen Zahl* eine natürliche Zahl zuordnen. Es ist klar, dass weder eine ganze Zahl übrig bleibt, ohne dass ihr eine natürliche Zahl entspräche, noch umgekehrt eine natürliche Zahl, ohne dass ihr eine ganze Zahl zugeordnet wäre. Damit ist bewiesen, *dass die Menge Z* der ganzen Zahlen *und die Menge N* der natürlichen Zahlen beide die gleiche Kardinalzahl haben, nämlich Aleph Null. Das heißt, die ganzen und die natürlichen Zahlen besitzen die gleiche Menge an Elementen.

Als Übung bitte ich Sie zu beweisen, dass auch die Vielfachen von fünf, die Potenzen von zwei, drei usw. die Kardinalzahl Aleph Null haben (und folglich die gleiche Menge an Elementen wie die ganzen oder die natürlichen Zahlen). Wenn Sie bis hierher gekommen und noch immer interessiert sind, hören Sie nicht auf, über die verschiedenen Fälle nachzudenken und darüber, wie sich die *Entsprechung* finden lässt, die beweist, dass alle diese Mengen (wenngleich es zunächst nicht so scheint) die gleiche Kardinalzahl haben.

Jetzt wollen wir einen kleinen Qualitätssprung machen. Betrachten wir die *rationalen Zahlen*, die den Namen Q tragen (abgeleitet vom Wort »Quotient«). Eine Zahl heißt *rational*, wenn sie der Quotient aus zwei ganzen Zahlen ist: a/b. (Wobei natürlich der Fall ausgeschlossen ist, dass b null ist. Denn *durch null darf man bekanntlich nicht teilen,* wie wir bereits an anderer Stelle gesehen haben.)

Im Grunde sind die rationalen Zahlen diejenigen, die man als »Brüche« kennt, mit ganzen Zahlen als Zähler und Nenner. Zum Beispiel sind $(-7/3)$, $(17/5)$, $(1/2)$, 7 rationale Zahlen. Interessant ist, dass jede ganze Zahl *auch eine rationale Zahl ist*, denn jede ganze Zahl *a* kann man als einen Bruch schreiben oder als Quotient aus sich selbst und eins. Das heißt:

$a = a/1$

Interessant wird es, wenn man versucht zu beweisen, dass auch *die rationalen Zahlen Aleph Null als Kardinalzahl haben*, wenngleich *sie sehr viel mehr erscheinen*. Demnach ist auch ihre Menge genauso mächtig wie die der natürlichen Zahlen. In der Gemeinsprache (und damit der nützlichen Sprache) heißt das: *Es gibt so viele rationale wie natürliche Zahlen.*
Der Beweis ist interessant, weil wir eine Zuordnung aufstellen werden, die spiralförmig verläuft. Sie werden es gleich verstehen. Wir machen Folgendes:

0/1 ordnen wir die 1 zu	4/2 ordnen wir die 16 zu
1/1 ordnen wir die 3 zu	4/1 ordnen wir die 17 zu
1/2 ordnen wir die 4 zu	5/1 ordnen wir die 18 zu
2/1 ordnen wir die 5 zu	5/2 ordnen wir die 19 zu
3/1 ordnen wir die 6 zu	5/3 ordnen wir die 20 zu
3/2 ordnen wir die 7 zu	5/4 ordnen wir die 21 zu
3/3 ordnen wir die 8 zu	5/5 ordnen wir die 22 zu
2/3 ordnen wir die 9 zu	4/5 ordnen wir die 23 zu
1/3 ordnen wir die 10 zu	3/5 ordnen wir die 24 zu
1/4 ordnen wir die 11 zu	2/5 ordnen wir die 25 zu
2/4 ordnen wir die 12 zu	1/5 ordnen wir die 26 zu
3/4 ordnen wir die 13 zu	1/6 ordnen wir die 27 zu
4/4 ordnen wir die 14 zu	…
4/3 ordnen wir die 15 zu	

Wie man sieht, ordnen wir jeder rationalen *nicht negativen Zahl (das heißt größer oder gleich null)* eine natürliche Zahl zu. Diese Zuordnung ist bijektiv, insofern als jeder rationalen Zahl eine natürliche entspricht und umgekehrt. An dieser Stelle müssten wir aufmerken, denn all das habe ich auch für die positiven rationalen Zahlen gemacht. Wenn man die negativen hinzufügen will, *muss* die Zuordnung anders sein, aber ich bin davon überzeugt, dass dem Leser etwas einfallen wird, um sie zu erstellen. (Für alle Fälle findet sich im Lösungsteil ein Vorschlag, wie Sie es angehen könnten.)

Betrachten wir die oben stehende Tabelle, so fällt auf, dass ich in der linken Spalte mehrmals auf die gleiche Zahl komme. Zum Beispiel die 1 erscheint in der linken Spalte als 1/1, 2/2, 3/3, 4/4 usw.; das heißt, sie taucht einige Male auf. Beeinträchtigt dies die Kardinalität? Nein, im Gegenteil. Müssten wir a priori eine Vermutung aufstellen, könnten wir formulieren, dass die Menge der rationalen Zahlen *mehr Elemente zu haben scheint* als die natürlichen Zahlen, und dennoch offenbart die Zuordnung, die ich eben gemacht habe, dass sie die *gleiche Kardinalzahl haben.* Auf jeden Fall lässt sich dadurch aufzeigen, dass es trotz mehrmaligen Auftauchens der gleichen rationalen Zahl noch genügend natürliche Zahlen für alle gibt. Was offen gestanden bemerkenswert und antiintuitiv ist.

Und nun kommen wir zum zentralen Punkt. Hier stellt sich nämlich folgendes Problem: Es entsteht der Eindruck, dass *alle unendlichen Mengen die gleiche Kardinalzahl haben.* Das heißt, wir haben die natürlichen, die geraden, die ungeraden, die ganzen, die rationalen Zahlen usw. betrachtet. *Alle* Beispiele von unendlichen

Mengen, die wir gesehen haben, erwiesen sich als ebenso mächtig wie die der natürlichen Zahlen, oder, anders gesagt, alle haben die gleiche Kardinalzahl: Aleph Null. Mit jedem Recht könnte man nun sagen: »Gut. Wir wissen schon, welche die unendlichen Mengen sind. Es mag viele oder wenige geben, aber alle haben die gleiche Kardinalzahl.« Und genau hier liegt ein zentraler Punkt der Mengenlehre. Es gab einen Mann, der vor vielen Jahren, um 1880, auf ein Problem stieß. Als er versuchte zu beweisen, dass alle unendlichen Mengen die gleiche Kardinalzahl haben, fand er eine, bei der dies nicht der Fall war. So sehr sich der Mann auch anstrengte, die »Pfeile« zu finden, um *seine Menge* mit den natürlichen Zahlen in Entsprechung zu setzen, *es gelang ihm nicht*. Seine Verzweiflung war so groß, dass er irgendwann seine Vorstellungen änderte (und etwas Geniales tat, denn er hatte eine wundervolle Idee). Er dachte: »Und was, wenn ich die Pfeile nicht finden kann, weil es gar nicht möglich ist, sie zu finden? Wäre es nicht besser, *zu beweisen zu versuchen, dass man die Pfeile nicht finden kann, weil sie gar nicht existieren?*«

Dieser Mann hieß Georg Cantor. Ich werde Ihnen später noch ein paar biografische Informationen liefern, an dieser Stelle sei jedoch gesagt, dass das Problem Cantor um den Verstand brachte. Die wissenschaftliche Gemeinde der Spezialisten auf diesem Gebiet hat ihn buchstäblich verrückt gemacht.

Als Cantor entdeckte, dass es *unendliche Mengen gibt, die größer sind als andere*, sagte er: »Ich sehe es und glaube es nicht.«

Aber was hat Cantor gemacht? Um das zu verstehen, muss ich an dieser Stelle kurz daran erinnern, was die

Dezimalbruchentwicklung einer Zahl ist (ohne dabei zu sehr ins Detail zu gehen). Als ich zum Beispiel die rationalen Zahlen definiert habe, sagen wir die Zahl 1/2, wurde klar, dass man diese Zahl auch so schreiben kann:

1/2 = 0,5

Und ich füge weitere Beispiele hinzu:

    1/3   = 0,33333...
    7/3   = 2,33333...
    15/18 = 0,8333...
    37/49 = 0,75510204...

Das heißt, jede rationale Zahl hat eine Dezimalbruchentwicklung (die man eben erhält, wenn man den Quotienten aus den beiden ganzen Zahlen bildet). Was wir von den rationalen Zahlen wissen: Wenn wir den Quotienten erzeugen, ist die Dezimalbruchentwicklung entweder endlich (wie im Fall von 1/2 = 0,5, denn danach gäbe es rechts vom Komma nur noch Nullen) oder periodisch, wie 1/3 = 0,33333..., wo sich eine Zahl wiederholt (hier die 3), oder es könnte eine Zahlenfolge sein (die sich *Periode* nennt), wie im Fall von (17/99) = 0,17171717... mit *der Periode 17* oder bei (1743/9900) = 0,176060606... mit der *Periode* 60.

Mehr noch: Wir können sagen, dass jede rationale Zahl eine endliche oder periodische Dezimalbruchentwicklung besitzt. Und umgekehrt: Liegt eine endliche oder periodische Dezimalbruchentwicklung vor, entspricht dies einer einzigen rationalen Zahl.

An diesem Punkt glaube ich annehmen zu können, dass die Leser *verstehen, was die Dezimalbruchentwicklung ist.*

Es gibt jedoch Zahlen, die *nicht rational sind.* Diese Zahlen haben zwar eine Dezimalbruchentwicklung, man weiß aber, dass sie nicht rational sind. Das berühmteste Beispiel ist π (Pi). Es ist bekannt (ich werde es hier nicht beweisen), dass π keine rationale Zahl ist. Wenn Sie an weiteren Beispielen interessiert sind, so finden Sie in diesem Buch den Beweis, der die Pythagoräer »verrückt gemacht hat«, dass nämlich »die Quadratwurzel von 2« ($\sqrt{2}$) *nicht rational ist.* Und auf der anderen Seite gibt es die Zahl *e,* die *ebenfalls nicht rational ist.* Sie wissen, dass die Zahl π eine Dezimalbruchentwicklung hat, die so beginnt:

$\pi = 3,14159\ldots$

Die Dezimalbruchentwicklung der Zahl $\sqrt{2}$ beginnt so:

$\sqrt{2} = 1,41421356\ldots$

Und die Dezimalbruchentwicklung der Zahl *e* so:

$e = 2,71828183\ldots$

Die Besonderheit, *die alle diese Zahlen* aufweisen, ist, dass sie eine Dezimalbruchentwicklung haben, die *niemals endet* (das heißt, dass von keinem Zeitpunkt an nur noch Nullen rechts vom Komma erscheinen) und die *auch nicht periodisch ist* (sprich, dass es keine Stelle in der Entwicklung gibt, ab der *sich eine Ziffernfolge im-*

mer wieder wiederholt). Diese beiden Tatsachen sind garantiert, weil *die Zahlen, um die es geht, nicht rational sind*. Mehr noch: Die Ziffern jeder Zahl können durch die vorangehenden nicht vorhergesagt werden. Sie folgen keinem Muster.

Ich denke, man versteht, worum es sich bei dieser Klasse von Zahlen handelt. Außerdem: Jede *reelle* Zahl, die nicht *rational* ist, nennt man *irrational*. Bei den drei Beispielen, die ich eben gebracht habe, handelt es sich um drei irrationale Zahlen.

Cantor nahm sich vor: »Ich werde beweisen, dass es eine unendliche Menge gibt, die *sich nicht mit den natürlichen Zahlen in Entsprechung setzen lässt*.« Und ferner sagte er: »Die Menge, die ich nehme, ist diejenige *aller reellen Zahlen*, die sich in dem Intervall [0,1] befinden.«[14]

Passen Sie auf: Nehmen Sie eine Gerade, markieren Sie einen beliebigen Punkt und nennen Sie ihn *null*. Die Punkte, die sich rechts davon befinden, nennt man *positiv* und die auf der linken Seite *negativ*.

Jeder Punkt der Geraden entspricht einer *Entfernung von null*. Jetzt markieren Sie einen beliebigen Punkt rechts der Null. Dieser wird die Zahl 1 sein. Von dort aus kann man die *reellen* Zahlen konstruieren. Jeder andere

---

14 Hier sollte man feststellen, dass sich die *reellen* Zahlen aus der Menge der *rationalen* und der Menge der *irrationalen* Zahlen (das heißt derjenigen, die *nicht rational sind*) zusammensetzen.

Punkt der Geraden befindet sich in einer Entfernung von null, die durch die Länge des Intervalls bemessen ist, die von null bis zum Punkt führt, den Sie ausgewählt haben. Dieser Punkt ist eine reelle Zahl. Wenn er rechts von null ist, ist er eine reelle positive Zahl. Wenn er links ist, ist er eine reelle negative Zahl. 1/2 zum Beispiel bezeichnet den Punkt, der sich auf halber Entfernung zwischen null und 1 befindet. 4/5 ist vier Fünftel von der Null entfernt. (Es ist, als ob man das Intervall, das von der Null bis zur 1 führt, in fünf gleiche Teile schneiden würde und nach den ersten vier Punkten stehen bliebe.)

Es ist also klar, dass jedem Punkt des Abschnitts, der von 0 bis 1 reicht, eine reelle Zahl entspricht. Diese reelle Zahl kann *rational oder irrational* sein. Zum Beispiel ist die Zahl $(\sqrt{2} - 1) = 0{,}41421356\ldots$ eine irrationale Zahl, die sich in diesem Intervall befindet. Die Zahl $(\pi/4)$ auch. Ebenso die Zahl $(e - 2)$.

Cantor nahm also das Intervall [0,1]. Dabei handelt es sich um alle reellen Zahlen des *Einheits*intervalls. Diese Menge ist eine *unendliche* Menge von *Punkten*. Stellen Sie es sich so vor: Nehmen Sie die 1 und teilen Sie das Intervall durch die Hälfte, und Sie haben 1/2. Teilen Sie es jetzt durch die Hälfte, und Sie haben die Zahl 1/4. Teilen Sie es wieder durch die Hälfte, und Sie haben 1/8. Sie stellen fest: Wenn Sie immer wieder durch die Hälfte teilen, erhalten Sie jeweils einen Punkt, der im Vergleich zum vorhergehenden bei der Hälfte der Entfernung liegt. Auf diese Weise erhält man eine *unendliche* Folge von Punkten: $(1/2^n)$, die sich *alle* auf dem Intervall [0,1] befinden.

Gleich sind wir so weit. Cantor sagte weiter: »Ich werde annehmen, dass diese Menge (das Einheitsintervall) sich *mit den natürlichen Zahlen in Entsprechung setzen lässt.*« Das heißt, er nahm an, *sie hätten die gleiche Kardinalzahl.* Wenn dies der Fall wäre, müsste es eine Zuordnung (oder was wir »die Pfeile« nennen) der Elemente des Intervalls [0,1] zu den natürlichen Zahlen geben. Es würde sich also als möglich erweisen, wie in den vorhergehenden Beispielen alle Elemente des Intervalls [0,1] in einer *Liste* aufzustellen.

Und das tat er:

1	$0, a_{11} \, a_{12} \, a_{13} \, a_{14} \, a_{15} \, a_{16} \ldots$
2	$0, a_{21} \, a_{22} \, a_{23} \, a_{24} \, a_{25} \, a_{26} \ldots$
3	$0, a_{31} \, a_{32} \, a_{33} \, a_{34} \, a_{35} \, a_{36} \ldots$
4	$0, a_{41} \, a_{42} \, a_{43} \, a_{44} \, a_{45} \, a_{46} \ldots$
...	
n	$0, a_{n1} \, a_{n2} \, a_{n3} \, a_{n4} \, a_{n5} \, a_{n6} \ldots$

In diesem Fall repräsentieren die verschiedenen Symbole der Form a_{pq} die Ziffern der Entwicklung jeder Zahl. Nehmen wir zum Beispiel an, dies seien die Dezimalbruchentwicklungen der ersten Zahlen der Liste:

1	0,783798099937...
2	0,523787123478...
3	0,528734340002...
4	0,001732845...

Das heißt:

$$0, a_{11}\, a_{12}\, a_{13}\, a_{14}\, a_{15}\, a_{16} \ldots = 0{,}783798099937\ldots$$
$$0, a_{21}\, a_{22}\, a_{23}\, a_{24}\, a_{25}\, a_{26} \ldots = 0{,}523787123478\ldots$$

und so weiter.

Was Cantor tat, war Folgendes: Er ging von der Möglichkeit aus, die »Pfeile« so zu setzen, das heißt die »Zuordnungen« so zu bilden, dass *alle reellen Zahlen* des Intervalls [0,1] mit den natürlichen Zahlen in Entsprechung stehen.

Und jetzt kommt Cantors Genialität. Er sagte: »Ich werde eine Zahl konstruieren, die im Intervall [0,1] enthalten ist, aber *nicht in der Liste*.«

Und so stellte er sie her: Er konstruierte sich die Zahl

$$A = 0, b_1\, b_2\, b_3\, b_4\, b_5\, b_6\, b_7\, b_8 \ldots$$

Man *weiß,* dass diese Zahl im Intervall [0,1] ist, weil sie mit 0, … beginnt.

Was aber sind die Buchstaben b_k? Nun, Cantor sagte: Ich wähle

b_1 so, dass es eine Ziffer ungleich a_{11} ist,
b_2 so, dass es eine Ziffer ungleich a_{22} ist,
b_3 so, dass es eine Ziffer ungleich a_{33} ist,
…
b_n so, dass es eine Ziffer ungleich a_{nn} ist.

Auf diese Weise kann ich sichergehen, dass die Zahl A nicht in der Liste ist. Warum? Sie kann nicht die erste in der Liste sein, weil b_1 *ungleich* a_{11} *ist*. Sie kann nicht die zweite sein, weil b_2 ungleich a_{22} ist. Sie kann nicht die dritte sein, weil b_3 ungleich a_{33} ist. Sie kann nicht die n-te sein, weil b_n ungleich a_{nn} ist.[15] Damit stellte Cantor sich eine *reelle* Zahl her, die sich in dem Intervall [0,1] befindet, aber die *nicht in der Liste ist*. Und die konnte er unabhängig davon erzeugen, wie die Liste beschaffen war.

Das heißt, wenn jemand kommt und sagt: »Ich habe eine Liste, die anders ist als Ihre, aber ich weiß, dass sie funktioniert und *alle reellen Zahlen des Intervalls [0,1]* enthält«, so kann Cantor *die Herausforderung annehmen, denn er ist in der Lage, eine reelle Zahl zu konstruieren, die in der Liste sein müsste, aber nicht darin sein kann.*

Und damit ist der Beweis erbracht, denn wir haben gesehen, dass es nicht möglich ist, eine bijektive Korrespondenz zwischen den reellen und den natürlichen Zahlen herzustellen. Jegliche Liste, die *beansprucht, sie alle zu enthalten*, wird dagegen verstoßen, indem sie irgendeine außen vor lässt. Und es gibt keine Methode, diesen Konflikt zu bereinigen.[16]

---

15 Um dieses Argument einzusetzen, muss man wissen, dass die *Dezimalschreibweise* einer Zahl *eindeutig* ist, aber dafür benötigte man ein subtileres Werkzeug.

16 Die Zahl 0,0999999… und die Zahl 0,1 sind gleich. Das heißt, damit zwei rationale Zahlen gleich sind, ist es nicht notwendig, dass sie es Ziffer für Ziffer sind. Dieses Problem entsteht immer dann, wenn man die »unendliche Periode« *neun* in der Dezimalbruchentwicklung »zulässt«. Damit die »Konstruktion« der Zahl, die »nicht« in meiner Liste »erscheint«, *absolut korrekt* ist, muss man bei jedem Schritt *eine Zahl wählen, die ungleich a_{11} und 9 ist*. Damit »verhindert« man zum Beispiel, dass man, wenn man die Zahl 0,1 in der Liste hat und damit beginnt, eine 0 an die Stelle von a_{11} zu setzen, und in der Folge *immer* die Zahl 9 wählt, schließlich dieselbe Zahl konstruiert, die man bereits am Anfang hatte.

Die Methode ist unter dem Namen *Cantorsches Diagonalverfahren* bekannt; was die unendlichen Mengen betrifft, war sie einer der wichtigsten Qualitätssprünge der Geschichte. Seither weiß man, dass es unendliche Mengen gibt, die größer sind als andere.

Die Geschichte geht weiter und ist sehr ergiebig. Sie gäbe genug her, um sehr viele Bücher über das Thema zu schreiben (die in der Tat auch geschrieben wurden). Aber nur um uns einen süßen Nachgeschmack zu bescheren, will ich Ihnen vorschlagen, über einige Dinge nachzudenken:

a) Nehmen wir an, wir hätten einen »Würfel« mit *zehn Seiten* und nicht, wie üblich, mit sechs. Jede Seite ist mit einer Ziffer von 0 bis 9 versehen. Wir würfeln und notieren jeweils die Zahl, die herauskommt. Es geht mit 0 los, … sodass das Ergebnis schließlich eine reelle Zahl des Intervalls [0,1] ist. Bedenken Sie Folgendes: Damit das Ergebnis eine rationale Zahl ist, muss sich der zehnseitige »Würfel« ab einem bestimmten Moment wiederholen, sei es, dass er immer null zeigt oder dass er eine *Periode* wiederholt. Wenn er sich nicht wiederholt oder *nicht konstant null ergibt*, ist das Ergebnis in jedem Fall eine irrationale Zahl. Wenn er sich wiederholt oder beginnt, immer *null* zu zeigen, ist sie rational. Was erscheint Ihnen wahrscheinlicher? Welche der beiden Alternativen ist Ihrer Meinung nach eher erfüllbar? Diese Übung dient dazu, intuitiv zu erfassen, *wie viel mehr irrationale als rationale Zahlen es gibt*.

b) Wenn man eine Gerade hätte und *die rationalen Zahlen ausschließen* könnte, würde man virtuell die

Löcher nicht bemerken. Wenn wir hingegen die irrationalen Zahlen ausschließen würden, würde man *kaum* die Punkte sehen, die übrig blieben. So viel größer ist die Menge der reellen verglichen mit der der natürlichen Zahlen. (Ich habe absichtlich *kaum* geschrieben, denn es ist nicht so, dass *man die rationalen Zahlen nicht sehen könnte; ich möchte hier lediglich vermitteln, dass es sehr viel mehr irrationale als rationale Zahlen gibt.*)

c) Es gibt viele Fragen, die man sich stellen kann, aber nächstliegend ist folgende: Ist die Menge der reellen Zahlen diejenige mit der »größten Unendlichkeit«? Die Antwort lautet nein. Man kann sich Mengen von beliebiger Größe konstruieren und mit einer unendlichen Kardinalzahl, die »größer« ist als die vorhergehende. Und dieser Prozess endet nie.

d) Eine andere Fragestellung könnte sein: Wir haben soeben gesehen, dass die reellen Zahlen *zahlreicher* sind als die natürlichen; doch gibt es eine unendliche Menge, die eine größere Kardinalzahl als die natürlichen Zahlen und eine kleinere als die reellen hat? Dieses Problem ist ein *offenes* Problem in der Mathematik, aber man nimmt an, dass es keine unendlichen Mengen *dazwischen* gibt. Die Kontinuumshypothese besagt jedoch, dass die Mathematik konsistent bleibt, ob man nun beweist, dass es Mengen mit größeren Unendlichkeiten als die der natürlichen Zahlen und kleineren als die der reellen gibt oder dass es sie nicht gibt.

Intervalle mit verschiedener Länge

Wie wir bereits wiederholt in diesem Buch gesehen haben, ist alles, was mit unendlichen Mengen zu tun hat, faszinierend. Die Intuition wird auf die Probe gestellt und auch die Sinne. Der berühmte Satz von Cantor (»Ich sehe es, aber ich glaube es nicht«) beschreibt treffend, wie es uns ergeht, wenn wir die ersten Male auf die unendlichen Mengen stoßen.

Ein anderes sehr anschauliches Beispiel ist das der Intervalle.

Nehmen wir zwei Intervalle von *verschiedener Länge*. Nennen wir sie [A,B] und [C,D]. Man *weiß (weiß?)*, dass jedes Intervall unendlich viele Punkte hat. Wenn Sie eine Bestätigung brauchen, markieren Sie den Punkt in der Mitte des Intervalls. Jetzt haben Sie zwei gleiche Intervalle. Wählen Sie eines aus, markieren Sie den mittleren Punkt und führen Sie den Vorgang fort. Sie bemerken, dass es *immer* einen mittleren Punkt geben wird, und daher ist die Zahl der Punkte, die ein Intervall enthält, *immer unendlich*.[17]

Interessant ist die Frage, wie man die unendlichen Mengen vergleicht. Das heißt, welches Intervall enthält mehr Punkte, wenn beide unterschiedliche Längen haben wie [A,B] und [C,D]? Die Antwort ist wieder überraschend; sie lautet: *Beide haben die gleiche Anzahl an Punkten. Unendlich viele, gewiss, aber die gleiche Anzahl.* Wie kann man sich davon überzeugen?

Wie wir schon in dem Kapitel über verschiedene Typen

---

17 Dieses Argument habe ich schon in dem Kapitel über die verschiedenen Unendlichkeiten von Cantor benutzt.

von unendlichen Mengen gesehen haben, ist es unmöglich, sie zu *zählen*. Wir brauchen eine andere Vergleichsmethode. Und das Werkzeug, das ich an anderer Stelle benutzt habe, sind die »Zuordnungen« oder »Pfeile«, die die Elemente einer Menge mit den Elementen einer anderen Menge verbinden (erinnern Sie sich an die Zuordnungen von natürlichen zu ganzen oder zu rationalen Zahlen usw.). Hier werde ich nun das Gleiche machen.[18]

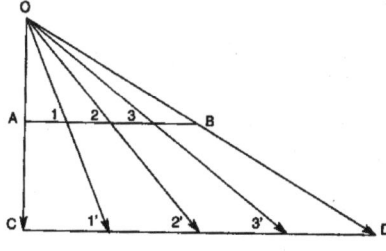

Wir stellen die beiden Intervalle [A,B] und [C,D] übereinander (wie man es in der Abbildung sieht). Wir platzieren einen Punkt O weiter oben, sodass die Punkte O, B und D ANEINANDERGEREIHT (das heißt auf derselben Geraden) sind und auf der anderen Seite die Punkte O, A und C auch auf einer Linie stehen. Um zu sehen, dass beide Intervalle die gleiche Anzahl von Punkten haben, müssen wir zwischen den Punkten des einen und des anderen Intervalls »Zuordnungen bilden« oder »Pfeile setzen«. Zum Beispiel entspricht dem Punkt 1 der Punkt 1', denn wir ziehen VON O AUS ein Intervall, das bei O beginnt und durch 1 führt. Der Punkt, wo es das Intervall [C,D] durchschneidet, nennen wir 1'. Wenn wir herausfinden wollen, welcher dem Punkt 2 entspricht, machen wir wieder das Gleiche: Wir zeichnen das Intervall ein, das den Punkt O mit dem Punkt 2 verbindet, und sehen nach, auf welchem Punkt es das Intervall [C,D] »schneidet«. Diesen Punkt nennen wir 2'. Auf diese Weise wird offensichtlich, dass es für jeden Punkt des Intervalls [A,B] einen entsprechenden Punkt des Intervalls [C,D] gibt, wenn man den oben genannten Vorgang wiederholt. Und umgekehrt: Wenn wir für einen Punkt 3' im Intervall [C,D] wissen wollen, welcher Punkt des Intervalls [A,B] ihm entspricht, »verbinden« wir diesen Punkt 3' mit dem Punkt O, und die Stelle, wo er [A,B] schneidet, nennen wir 3. Und fertig.

18 Ich schließe die Intervalle aus, die einen einzigen Punkt enthalten, was wir als »entartetes Intervall« [A,A] bezeichnen könnten. Dieses Intervall enthält *einen einzigen Punkt: A.*

Diese Tatsache widerspricht natürlich der Intuition, denn aus ihr folgt, dass ein Intervall, das den äußeren Rand der Buchseite, die Sie gerade lesen, mit dem inneren verbindet, *die gleiche Anzahl von Punkten hat wie ein Intervall, das die Stadt Buenos Aires mit Tucumán verbindet.* Oder wie ein Intervall zwischen Erde und Mond.

Ein Punkt in einem Intervall

Ich schlage Ihnen folgende Übung vor, um Ihre Vertrautheit mit den *großen Zahlen* zu prüfen.

1. Nehmen Sie ein Blatt und etwas zum Schreiben zur Hand.
2. Zeichnen Sie ein Intervall (machen Sie es groß, sparen Sie nicht gerade jetzt mit Papier, obwohl das Beispiel auch so funktioniert).
3. Schreiben Sie die Zahl 0 auf die äußerste linke Seite Ihres Intervalls.
4. Schreiben Sie die Zahl eine Billion auf die äußerste rechte. Das heißt, Sie nehmen an, dass das Intervall, das Sie gezeichnet haben, eine Billion misst. Markieren Sie auf dem gleichen Intervall die Zahl eine Milliarde. Wo würden Sie sie ansetzen?

Die Antwort finden Sie im Lösungsteil.

Summe der Kehrwerte der Potenzen von 2 (unendliche Summe)

Nehmen wir an, zwei Personen (A und B) stehen zwei Meter voneinander entfernt. Beide Personen sind *virtuell*, in dem Sinne, dass sie als *Punkte*, als Enden eines Intervalls dienen. Das Intervall misst zwei Meter.

Jetzt beginnt Herr A auf Herrn B zuzugehen, aber er tut dies nicht auf beliebige Art und Weise, sondern er hält sich an folgende Anweisungen: Jeder Schritt, den er tut, wird genau *die Hälfte der Entfernung* betragen, die er noch zurücklegen muss, um zu B zu kommen. Das heißt, der erste Schritt, den A macht, beträgt *einen Meter* (denn die Entfernung, die ihn von B trennt, misst zwei Meter).

Dann geht Herr A (der nun auf der Hälfte des Intervalls [A,B] steht) weiter, und sein nächster Schritt wird einen halben Meter ($1/2 = 0{,}5$) weit sein, denn die Entfernung, die er noch zurücklegen muss, um zu B zu kommen, beträgt exakt einen Meter. (Die Anweisung ist sehr genau: Seine Schritte müssen immer exakt die *Hälfte der Strecke betragen, die er noch zurücklegen muss.*)

Wenn A diesen Schritt getan hat, steht er auf dem Punkt 1,5. Da er einen halben Meter von B entfernt ist, wird sein nächster Schritt 0,25 Meter (1/4, also die Hälfte von 1/2) weit sein. Und wenn er ankommt, ist er 1,75 von seinem Ursprungsort entfernt.

Herr A geht weiter. Seine nächsten Schritte werden sein: 1/8, 1/32, 1/64, 1/128, 1/256, 1/512, 1/1024 usw.

Wie Sie bemerken, wird Herr A *seinen Bestimmungsort nie erreichen (wenn es seine Bestimmung war, zu Herrn B zu gelangen)*. Es ist egal, wie lange er weitergeht, seine

Schritte werden immer kleiner (tatsächlich werden sie jedes Mal um die Hälfte reduziert), aber obwohl *er immer vorwärtskommen wird* (und das heißt schon was) und *nicht weniger* als die Hälfte, die ihm noch fehlt, voranschreitet, wird der arme Herr A niemals an sein Ziel gelangen.

Andererseits sind die Schritte, die Herr A tut, immer vorwärtsgerichtet, sodass A B immer näher kommt.

Man könnte all das in Zahlen ausdrücken, und zwar folgendermaßen:

$$1 = 1 = 2 - 1$$
$$1 + 1/2 = 3/2 = 2 - 1/2$$
$$1 + 1/2 + 1/4 = 7/4 = 2 - 1/4$$
$$1 + 1/2 + 1/4 + 1/8 = 15/8 = 2 - 1/8$$
$$1 + 1/2 + 1/4 + 1/8 + 1/16 = 31/16 = 2 - 1/16$$
$$1 + 1/2 + 1/4 + 1/8 + 1/16 + 1/32 = 63/32 = 2 - 1/32$$
$$1 + 1/2 + 1/4 + 1/8 + 1/16 + 1/32 + 1/64 = 127/64 = 2 - 1/64$$

Ich nehme an, Sie werden schon ein Muster bemerkt haben (worin die Tätigkeit von uns Mathematikern letzten Endes besteht … nicht notwendigerweise mit Erfolg). Die Summen werden immer größer, und die Ergebnisse, die man mit diesen *Teilsummen*, den Schritten des Herrn A, erhält, sind immer größere Zahlen. Das heißt, wir sind dabei, eine Folge von *strikt ansteigenden* Zahlen zu bilden (insofern, als sie mit jeder Reihe größer werden). Auf der anderen Seite ist klar, dass sie nicht nur wachsen; wir können außerdem feststellen, *wie sie wachsen*, denn sie sind jedes Mal ein Stückchen näher an 2. Wenn man die Ergebnisse der rechten Spalte betrachtet, sieht man, wie viel noch bleibt:

$$2 - 1$$
$$2 - 1/2$$
$$2 - 1/4$$
$$2 - 1/8$$
$$2 - 1/16$$
$$2 - 1/32$$
$$2 - 1/64 \ldots$$

Man könnte aus diesen Entdeckungen verschiedene Lehren ziehen, aber im Prinzip will ich hier zwei Tatsachen festmachen:

a) Man kann positive Zahlen unendlich addieren, und die Summe wird nicht beliebig groß. In diesem Beispiel ist es klar, dass die Summe all dieser Zahlen (wenn man hypothetisch *unendlich addieren* könnte) zwei nicht übersteigen würde. Mit anderen Worten: Wenn man *tatsächlich* unendlich addieren *könnte*, *wäre* das Ergebnis *zwei*.

b) Dieses Verfahren stellt sicher, dass man sich einer Zahl (in diesem Fall der *Zwei*) zwar *beliebig* nähern kann, sie aber niemals erreichen wird. Die Entfernung, die Herrn A von Herrn B trennt, wird immer kleiner und kann beliebig verkleinert werden, aber A *wird es niemals gelingen,* B *zu berühren.*

Was wir hier gesehen haben, birgt verschiedene wichtige und tiefe Begriffe der Mathematik, aber der wichtigste ist der des Grenzwerts, eine Entdeckung, die gemeinsam von Newton und Leibniz – dem einen in England und dem anderen in Deutschland – zu Beginn des 18. Jahrhunderts gemacht wurde. Und mit diesem Begriff veränderte sich die Welt der Wissenschaft für immer.

Persönlichkeiten

Warum man etwas nicht versteht

Diese kurze Geschichte befasst sich mit dem, was ein enger Freund von mir geschrieben hat, Ricardo Noriega, ein argentinischer Mathematiker, Spezialist der Differenzialgeometrie, der bereits in einem sehr frühen Alter verstorben ist. Er arbeitete viele Jahre mit Luis Santaló[19] zusammen und, abgesehen von seinen beruflichen Leistungen, war er ein toller Typ. Immer gut gelaunt, gebildet, sehr großzügig mit seiner Zeit und in seinem Verhalten Schülern und anderen Kollegen gegenüber immer väterlich. Ein wirklich großartiger Typ.

Mit ihm habe ich studiert, als wir beide jung waren. In seinem Buch *Cálculo Diferencial e Integral (»Differenzial- und Integralrechnung«)* schrieb er über einen Gedanken, der mich immer beherrscht hat: Warum ver-

---

19 Santaló war einer der wichtigsten Geometer der Geschichte. Er wurde in Spanien geboren, aber, auf der Flucht vor dem spanischen Bürgerkrieg, verbrachte er den größten Teil seines Lebens in Argentinien. Er war ein wahrer Meister, und sowohl seine persönlichen als auch beruflichen Leistungen sind von unschätzbarem Wert.

steht man etwas zuerst nicht? Und warum versteht man es dann plötzlich? Und warum vergisst man es später wieder?

Ich werde hier nicht einfach wiedergeben, was Ricardo geschrieben hat, ich erzähle lieber meine eigene Version: »Sehr oft, wenn man etwas über Mathematik liest, stößt man auf ein Problem: Man versteht nicht, was man gelesen hat. Dann hält man inne, denkt nach und liest den Text noch einmal. Und meistens versteht man immer noch nichts. Man kommt nicht vorwärts. Man will verstehen, kann es aber nicht. Man liest den Absatz noch einmal. Denkt. Und investiert (letzten Endes) viel Zeit … bis man auf einmal … begreift. Etwas öffnet sich in unserem Gehirn, etwas verbindet sich … und man *beginnt zu verstehen*. Man versteht! Aber das ist nicht alles: Das Wunderbare ist, dass man *nicht verstehen kann, warum man es vorher nicht verstanden hat.*«

Dies ist eine Überlegung, die wirklich einmal eine Antwort verdient. Was hält uns auf? Warum verstehen wir etwas in einem Moment nicht und dann schon? Warum? Was geschieht in unserem Gehirn? Welche Verbindungen werden hergestellt? Was spielt sich da ab, dass wir eine ganze Weile etwas nicht verstehen und plötzlich macht es »klick« und wir beginnen zu verstehen? Ist es nicht wunderbar, darüber nachzudenken, warum man es vorher nicht verstanden hat? Kann man den Vorgang reproduzieren? Kann man die Erkenntnis vielleicht sogar dazu nutzen, das Verständnis einer anderen Person zu unterstützen? Nützt einem die eigene Erfahrung, um die Schnelligkeit und Tiefe des Lernens eines anderen zu verbessern?

Konversation zwischen Einstein und Poincaré

Ich denke, es ist nicht notwendig, Einstein vorzustellen. Poincaré wird aber, denke ich, einiger Worte bedürfen, nicht, weil sein Beitrag zur Wissenschaft Ende des neunzehnten Jahrhunderts und Anfang des zwanzigsten weniger wichtig gewesen wäre, sondern weil seine Arbeiten und sein Lebensweg dem Publikum im Allgemeinen weniger bekannt sind.

Die Medien haben dafür gesorgt (und mit gutem Recht), dass Einstein als eine der berühmtesten Personen in die Geschichte einging. Es ist schwierig, jemanden zu finden, der lesen und schreiben kann, aber nicht weiß, wer Einstein war. Doch könnte ich mit der Behauptung richtig liegen, dass die Zahl der Menschen, die Einstein nicht kennen, mit der, die Poincaré kennen, übereinstimmt. Vielleicht übertreibe ich auch …

Henri Poincaré wurde am 28. April 1854 in Nancy (Frankreich) geboren und starb am 17. Juli 1912 in Paris. Er war beidhändig und kurzsichtig. Er litt einen großen Teil seines Lebens unter Diphtherie, was ihm schwere motorische und koordinatorische Probleme einbrachte. Dennoch wird Poincaré als einer der genialsten Denker der Menschheit betrachtet. Er widmete sich der Mathematik, der Physik, der Philosophie, und er wird als der letzte »Universalist« beschrieben (in dem Sinne, dass er durch seine Kenntnis die Grenzen der Wissenschaften, die er erforschte, zu verwischen vermochte).

Er trug reich zu verschiedenen Zweigen der Mathematik, Himmelsmechanik, Mechanik der Flüssigkeiten, speziellen Relativitätstheorie und Wissenschaftsphilosophie bei.

Noch heute ist seine berühmte Vermutung – *Jede geschlossene einfach zusammenhängende 3-dimensionale Mannigfaltigkeit ist homöomorph zur 3-Sphäre* – unbewiesen.

Abgesehen von der Schwierigkeit, überhaupt den Wortlaut zu verstehen, was vielleicht nur einer sehr eingeschränkten Personengruppe, Spezialisten auf dem Gebiet, geglückt ist – Tatsache ist jedenfalls, dass Poincaré dieses Ergebnis vermutete, dessen Beweis den besten Mathematikern der Welt seit mehr als einem Jahrhundert nicht gelungen ist.[20]

Diese ganze Einleitung erlaubt mir nun, einen Dialog zwischen zwei der prominentesten Vertreter der Wissenschaft in der ersten Hälfte des 20. Jahrhunderts zu präsentieren, der die Betonung auf eine ewige Diskussion zwischen der Mathematik und der Physik legt. Hier ist er.

Einstein: »Weißt du, Henri, am Anfang habe ich Mathematik studiert. Aber ich habe es aufgegeben und mich der Physik zugewandt ...«

Poincaré: »Ah ... Das wusste ich nicht, Albert. Und warum hast du das getan?«

Einstein: »Nun ja, es war so, dass ich zwar herausfinden konnte, welche Behauptungen richtig und welche falsch waren, aber nicht entscheiden konnte, welche die wichtigen waren ...«

Poincaré: »Das ist sehr interessant, was du mir da erzählst, Albert, weil ich mich ursprünglich der Physik ge-

---

20 Seit Mai 2005 geht ein potenzieller Beweis dieser Vermutung um, aber er ist noch nicht *offiziell* durch die Gemeinschaft der Mathematiker akzeptiert.

widmet hatte, dann aber ins Feld der Mathematik ge-
wechselt bin …«
Einstein: »Ach ja? Und warum?« – Poincaré: »Weil ich
zwar entscheiden konnte, welche der Behauptungen
wichtig waren, und sie von den trivialen unterscheiden
konnte, mein Problem aber war … dass ich nie herausfinden konnte, welche von ihnen wahr waren!«

Fleming und Churchill[21]

Sein Name war Fleming, und er war ein armer schotti-
scher Landwirt. Eines Tages, während er dabei war, das
Brot für seine Familie zu verdienen, vernahm er einen
Hilferuf aus einem nahe gelegenen Moor.
Er ließ seine Werkzeuge fallen und rannte zu der Stelle
hin. Dort fand er, bis zur Hüfte eingesunken im nassen
und schwarzen Schlamm des Moores, einen Jungen vor,
der schrie und sich zu befreien versuchte. Der Landwirt
Fleming rettete den Jungen vor dem langsamen und
grausamen Tod, der ihm hätte bevorstehen können.
Am nächsten Tag erreichte den Bauernhof eine sehr
prächtige Kutsche, die einen elegant gekleideten Adeligen brachte, der herabstieg und sich als Vater des von
dem Landwirt Fleming geretteten Jungen vorstellte.
»Ich möchte Sie belohnen«, sagte der Adelige. »Sie haben meinem Sohn das Leben gerettet.«

---

21 Diese Geschichte hat mir Gerardo Garbulsky geschickt, ein ehe-
maliger Schüler und sehr guter Freund von mir. Gerry hatte immer ein
waches und feinsinniges Auge für die Wissenschaft und ihre Anwendungen, und dank ihm weiß ich von dieser Geschichte.

»Nein, ich kann für das, was ich getan habe, keinen Lohn annehmen. Es war meine Pflicht«, antwortete der schottische Bauer.

In diesem Augenblick erschien der Sohn des Landwirts in der Tür der Hütte.

»Ist das Ihr Sohn?«, fragte der Adelige.

»Ja«, antwortete der Bauer stolz.

»Dann schlage ich Ihnen einen Handel vor. Erlauben Sie mir, Ihrem Sohn eine ebenso gute Ausbildung zuteil werden zu lassen, wie mein eigener Sohn sie bekommt. Wenn der Junge seinem Vater ähnlich ist, zweifle ich nicht, dass er zu einem Mann heranwachsen wird, auf den wir beide stolz sein werden.«

Der Landwirt willigte ein.

Der Sohn des Bauern Fleming besuchte die besten Schulen, und nach einiger Zeit graduierte er an der medizinischen Schule des Saint Mary's Hospital in London und wurde ein berühmter Wissenschaftler, der auf der ganzen Welt bekannt war für eine Entdeckung, die die Behandlung von Infektionen revolutionierte: das Penicillin.

Jahre später erkrankte der Sohn desselben Adeligen, der vor dem Tod im Moor gerettet worden war, an Lungenentzündung. Und was rettete sein Leben diesmal? Das Penicillin natürlich!!!

Der Name des Adeligen: Sir Randolph Churchill …

Der Name seines Sohnes: Sir Winston Churchill.

Wir Mathematiker machen keine Zahlen, sondern Beweisführungen

Luis Caffarelli gab mir eine Reihe von Beispielen bezüglich der Arbeit der Mathematiker an die Hand, von denen ich hier erzählen will. Caffarelli ist einer der besten argentinischen Mathematiker der Geschichte (und mit ziemlicher Sicherheit der beste der Gegenwart, im Jahr 2005). Ihn bat ich, mir Anhaltspunkte darüber zu geben, was ein berufsmäßiger Mathematiker macht, und sie mir zur Veröffentlichung zu überlassen. Das Erste, was er tat, war, mir den Titel dieses Kapitels zu liefern.

Aber bevor wir zu seinen Überlegungen kommen, lohnt es sich, daran zu erinnern, dass Caffarelli im Jahr 1948 geboren wurde, das Studium der Mathematik abschloss, als er zwanzig Jahre alt war, und mit 24 promovierte. 1994 wurde er zum Mitglied der Päpstlichen Akademie der Wissenschaften ernannt, eine Institution, die 1603 gegründet wurde und nur achtzig Mitglieder auf der gesamten Welt zählt. Dieser Akademie anzugehören, impliziert eine außerordentliche wissenschaftliche Qualität. Er ist oder war Professor am Courant in New York, an der Universität von Chicago, am MIT, in Berkeley, in Stanford, an der Universität Bonn und natürlich an der Universität Princeton in New Jersey, dem Zentrum der Weltbesten, wo Einstein, von Neumann, Alan Turing, John Nash und viele andere einen Teil ihrer Forschungen betrieben.

Eine persönliche Anekdote: Caffarelli und ich waren gegen Ende der 60er Jahre Assistenten in einem Fach an der Fakultät für Mathematik und Naturwissenschaften. Das Fach hieß »Reelle Funktionen I«. Wir mussten

Übungen für die Praktika und die Prüfungen vorbereiten. Das Fach stellte eine ständige Herausforderung dar, nicht nur für die Studenten, sondern auch für die Dozenten. Im Grunde war es für die Mathematikstudenten das erste Fach im Hauptstudium. An einem Freitag nach dem Unterricht vereinbarten wir, dass sich jeder über das Wochenende Probleme ausdenken würde, die wir am Montag diskutieren wollten. Und so geschah es auch. Ich tat meinen Teil und brachte fünf Probleme mit. Caffarelli tat den seinen. Allerdings mit einem leichten Unterschied. Er brachte 123 mit. Ja, hundertdreiundzwanzig Probleme. Und noch etwas: Es hat niemals eine Geste von Arroganz oder Überlegenheit gegeben. Für ihn ist die Mathematik etwas Natürliches, das sein Leben durchströmt wie die Luft, die wir alle atmen. Nur dass er anders denkt, anders sieht und andere Vorstellungen hat. Ohne Zweifel ein genialer Denker. Jetzt aber sehen wir, was ein berufsmäßiger Mathematiker laut Luis Caffarelli tut:

Zu untersuchen, was mit dem Whisky und den Eiswürfeln geschieht, steht in Verbindung mit dem Wiedereintritt eines Raumschiffs in die Erdatmosphäre, der Bevölkerungsexplosion und der Klimavorhersage.
Der Forscher schafft ein mathematisches Modell eines Systems, er nimmt an, dass dieses die Realität widerspiegelt, und testet die Ergebnisse einer nummerischen Simulation, um zu sehen, ob seine Berechnungen zutreffend sind oder nicht.
Im Fall der Eiswürfel analysiert man die Kontaktoberfläche des Eises mit dem Wasser. Wenn sie stabil ist, untersucht man, was passieren würde, wenn wir ein bisschen

mehr Whisky hineingießen würden, ob sich eine dramatische Veränderung im System ergeben würde, ob das Eis schmelzen wird usw.

Das Gleiche geschieht, wenn man den Luftstrom um die Flügel eines Flugzeuges untersucht oder die demografische Dynamik. Der Mathematiker versucht, Gleichungen zu finden, die diese Probleme repräsentieren, und adäquate Korrekturfaktoren einzuführen, um das Phänomen, das man untersuchen will, darzustellen.

Die Beziehung zwischen der Mathematik und der Gesellschaft wird manifest, wenn man den Fernseher einschaltet, ein Fax bekommt, eine E-Mail verschickt, eine Mikrowelle anschaltet und das Essen warm wird. Aber die Wissenschaftler, die sich über die grundlegenden Phänomene des Mikrowellenherdes Gedanken machten, versuchten nicht, das Problem zu lösen, wie man das Fläschchen eines Kindes aufwärmt, sondern überlegten sich, wie interessant es doch wäre zu verstehen, wie Moleküle angesichts eines bestimmten Effekts angeregt werden.

Später bat ich ihn, Überlegungen anzustellen bezüglich der Probleme der Kommunikation zwischen den Wissenschaftlern und der Gesellschaft, die sie beherbergt:

Es ist nicht so, dass es eine Spaltung zwischen der Wissenschaft und der Gesellschaft gäbe, vielmehr ist die Vielfalt der Beziehungen sehr umfassend und verschlungen und oft nicht offenkundig. Die Wissenschaft ist sehr verbunden mit der Gesellschaft, es ist nur so, dass immer mehr Spezialisierung notwendig ist, um Zugang zu ihr zu haben.

In der Zukunft werden die Wissenschaften noch mehr mathematisiert. Es gibt eine immense Herausforderung,

die Dinge zu verstehen, zu mathematisieren und nachzu-
vollziehen, warum sie so sind. Die Mathematik versucht,
eine Synthese herzustellen, was disparate Dinge gemein-
sam haben, um dann sagen zu können: Dies ist das Phä-
nomen, und das sind Variationen derselben Formel.

Die Paradoxa von Bertrand Russell

Bertrand Russell lebte 97 Jahre: von 1872 bis 1970.[22] Er
wurde in England als Sohn einer sehr reichen und mit
dem englischen Königshaus verbundenen Familie geboren. Er lebte ein nuancenreiches Leben, trat gegen den
Krieg ein, kämpfte gegen die Religion (jegliche Mani-
festation von ihr), war bei verschiedenen Gelegenhei-
ten im Gefängnis, heiratete vier Mal (das letzte Mal mit
80 Jahren) und hatte vielfältige sexuelle Erfahrungen,
auf die er stets stolz war. Obwohl er einer der großen
Denker und Mathematiker des 20. Jahrhunderts war, gewann er 1950 den Nobelpreis für *Literatur*. Er war Professor in Harvard, Cambridge und Berkeley.
Kurz und gut: Er war eine sehr außergewöhnliche Persönlichkeit. Es geht zwar über das Ziel dieses Buches
hinaus, alle seine Leistungen auf dem Gebiet der Logik
zu schildern. Doch ohne jeden Zweifel hat eines der
interessantesten Kapitel mit seinem berühmten Paradoxon *der Mengen, die sich selbst nicht als Elemente enthalten*, zu tun.

---

22 Es gibt eine exzellente Biografie über Russell (The Life of Bertrand
Russell – Bertrand Russell, Philosoph – Pazifist – Politiker, erschienen
1976 (dt. 1984), in der ein perfektes Bild dieser Persönlichkeit des
20. Jahrhunderts gezeichnet wird.

Bevor ich zum nächsten Abschnitt übergehe, schlage ich Ihnen vor, sich mit mir drei Beispiele anzusehen. Dann kommen wir auf das Thema zurück.

A) Über die Barbiere auf hoher See

Ein Schiff voller Seeleute legt ab und begibt sich auf eine Mission, die es viele Tage auf hoher See zubringen lassen wird. Der Kapitän stellt mit Unbehagen fest, dass einige Männer der Besatzung sich nicht jeden Tag rasieren. Und da es auf dem Schiff einen Barbier-Matrosen gab, ruft er ihn in seine Kajüte und gibt ihm folgende Anweisung:

»Ab morgen rasieren Sie jeden Mann auf dem Schiff, der sich nicht selbst rasiert. Was die betrifft, die sich selbst rasieren wollen, gibt es keine Probleme. Befassen Sie sich mit denen, die es nicht tun. Das ist ein Befehl.«

Der Barbier zog sich zurück, und kaum war er am nächsten Morgen erwacht (noch in seiner Kajüte), machte er sich daran, den Befehl des Kapitäns auszuführen. Aber vorher ging er natürlich ins Bad. Als er sich anschickte, sich zu rasieren, wurde ihm klar, dass *er das nicht tun durfte*, denn der Kapitän hatte sich sehr klar ausgedrückt: Er durfte nur diejenigen rasieren, die sich nicht selbst rasierten. Das heißt, als Barbier war es ihm nicht gestattet, daran mitzuwirken, wenn er sich selbst rasierte. Er musste seinen Bart stehen lassen, um sich an die Vorschrift zu halten, nur diejenigen zu rasieren, die sich nicht selbst rasierten. Aber gleichzeitig merkte er, dass er seinen Bart nicht wachsen lassen konnte, weil er dann auch den Befehl des Kapitäns missachten würde, der ihm gesagt hatte, dass er es nicht dulden solle, wenn ein

Mitglied der Besatzung sich nicht rasieren lassen wolle. Demnach musste er sich rasieren.

Verzweifelt, weil er sich weder rasieren konnte (weil der Kapitän ihm gesagt hatte, dass er sich nur mit denen befassen solle, die sich nicht selbst rasierten) noch seinen Bart stehen lassen (denn der Kapitän hätte dies nicht geduldet), entschloss sich der Barbier, sich über Bord zu werfen (oder jemanden zu bitten, ihn zu rasieren …).

B) Über einen, der hängen sollte

In einer Stadt, in der Fehler einen Untertan teuer zu stehen kamen, entschied der König, dass eine bestimmte Person exekutiert werden musste, und zwar sollte sie hängen. Um das Ganze ein wenig pikanter zu gestalten, stellte man auf zwei Plattformen zwei Galgen auf. Den einen nannte man »Altar der Wahrheit«, den anderen »Altar der Lüge«.

Als sie dem Angeklagten gegenüberstanden, erklärten sie ihm die Regeln:

»Du wirst die Gelegenheit haben, deine letzten Worte zu äußern, wie es der Brauch ist. Je nachdem, ob das, was du sagst, die Wahrheit oder eine Lüge ist, wirst du auf diesem Altar (und dabei zeigte man auf den der Wahrheit) oder auf dem anderen exekutiert. Es ist deine Entscheidung.«

Der Gefangene dachte eine Weile nach und sagte dann, dass er bereit sei, seine letzten Worte zu sprechen. Es wurde still, und alle schickten sich an, ihm zuzuhören. Und er sagte: »Ihr werdet mich auf dem Altar der Lüge hängen.«

»Ist das alles?«, fragte man ihn.

»Ja«, antwortete er.

Die Henker näherten sich diesem Mann und machten sich daran, ihn zum Altar der Lüge zu bringen. Als sie an seiner Seite waren, sagte einer von ihnen:

»Einen Augenblick bitte. Wir können ihn hier nicht aufhängen, denn würden wir dies tun, wären seine letzten Worte wahr. Und um die Regeln einzuhalten: Wir haben ihm gesagt, dass wir ihn aufhängen würden, je nach dem Wahrheitsgehalt seiner letzten Worte. Er sagte, dass ›wir ihn auf dem Altar der Lüge hängen würden‹. Daher können wir ihn nicht dort hängen, denn sonst wären seine Worte wahr.«

Ein anderer der Anwesenden sagte: »Klar. Es gebührt sich, dass wir ihn auf dem Altar der Wahrheit hängen.«

»Falsch«, rief einer von hinten. »Wenn es so wäre, würden wir ihn belohnen, denn seine letzten Worte waren eine Lüge. Wir können ihn nicht auf dem Altar der Wahrheit hängen.«

Wahrhaft verwirrt, verstrickten sich alle, die den Gefangenen exekutieren wollten, in eine ewige Diskussion. Der Angeklagte floh und schreibt heute Bücher über Logik.

C) Gott existiert nicht

Sicher ist diese Art, das Russellsche Paradoxon zu präsentieren, die eindrucksvollste. Die Absicht ist zu beweisen, dass Gott nicht existiert, nichts weniger.

Einigen wir uns zunächst darauf, was Gott bedeutet. Per definitionem ist die Existenz von Gott gleichgesetzt mit der Existenz eines allmächtigen Wesens. Insofern wir in der Lage sind zu beweisen, dass *nichts und niemand all-*

mächtig sein kann, kann sich niemand das »Wesen Gott« zuschreiben.

Wir werden dies »per absurdum« zeigen; das heißt, wir werden annehmen, dass das Ergebnis wahr ist, und dies wird uns zu einem Widerspruch führen.

Nehmen wir an, Gott existiert. Dann muss er, wie wir gesagt haben, insofern er Gott ist, allmächtig sein. Was wir tun: Wir werden beweisen, dass *es keinen Allmächtigen geben kann*. Oder, was auf dasselbe hinausläuft: Es kann niemanden geben, der *alle Macht* besitzt.

Und wir gehen folgendermaßen vor: Wenn jemand existierte, der allmächtig wäre, müsste er die Macht haben, sehr große Steine zu erschaffen. Diese Fähigkeit darf ihm nicht fehlen, denn sonst würde er bereits beweisen, dass er nicht allmächtig ist. Daraus schließen wir, dass er die Macht haben *muss*, *sehr große Steine* zu erschaffen. Er muss nicht nur die Macht haben, sehr große Steine zu erschaffen, sondern muss auch in der Lage sein, Steine zu erschaffen, *die er nicht bewegen kann* … diese Macht darf ihm nicht fehlen (und eigentlich auch keine andere). Daher muss er in der Lage sein, Steine zu erschaffen, die sehr groß sind. So groß, dass er sie schließlich nicht bewegen kann.

Das ist der Widerspruch, denn wenn es Steine gibt, die er nicht bewegen kann, heißt das, dass ihm eine Fähigkeit fehlt. Und wenn er solche Steine nicht erschaffen kann, heißt das, dass ihm diese Fähigkeit fehlt. Letztendlich wird jeder, der beansprucht, allmächtig zu sein, unter einem Problem leiden: Entweder fehlt ihm die Macht, so große Steine zu schaffen, dass er sie nicht bewegen kann, oder es existieren Steine, die er nicht bewegen kann. Auf die eine oder auf die andere Art kann es niemanden geben, der *allmächtig* ist (und genau das wollten wir ja beweisen).

Nachdem wir nun diese drei Manifestationen des Russellschen Paradoxons gesehen haben, überlegen wir, was dahintersteckt.

Grundsätzlich ist es ein nichttriviales Problem, eine *korrekte* Definition davon zu geben, was eine *Menge* ist. Wenn man es versucht (und ich bitte Sie, dies auch zu tun), benutzt man letztendlich irgendein Synonym: *eine Ansammlung, eine Gruppierung, eine Zusammenstellung* etc.

Auf jeden Fall wollen wir die *intuitive Definition, was eine Menge ist*, akzeptieren; sagen wir eine *Ansammlung* von Objekten, die wir aufgrund irgendeines Charakteristikums abgrenzen: alle ganzen Zahlen, alle meine Geschwister, die Mannschaften, die an der letzten Fußballweltmeisterschaft teilgenommen haben, die großen Pizzas, die ich in meinem Leben gegessen habe, usw.

Im Allgemeinen sind »die Elemente« einer Menge die »Glieder«, die »dazugehören«. Wenn man mit den Beispielen des vorhergehenden Absatzes fortfährt, sind die »ganzen Zahlen« die Elemente der ersten Menge; »meine Geschwister« die Elemente der zweiten; die Liste der Länder, die an der letzten Weltmeisterschaft teilnahmen, wären die Elemente der dritten; jede Pizza, die ich gegessen habe, sind die Elemente der vierten usw.

Man bezeichnet oder benennt eine Menge für gewöhnlich mit einem Großbuchstaben (zum Beispiel: A, B, X, N, Z), und die Elemente jeder Menge setzt man »in Klammern«:

A = {1, 2, 3, 4, 5}

B = {Argentinien, Uruguay, Brasilien, Chile, Kuba, Venezuela, Mexiko}

C = {Laura, Lorena, Máximo, Alejandro, Paula, Ignacio, Viviana, Sabina, Brenda, Miguel, Valentín}

N = {natürliche Zahlen} = {1, 2, 3, 4, 5, …, 173, 174, 175, …}

P = {Primzahlen} = {2, 3, 5, 7, 11, 13, 17, 19, 23, 29, 31, …}

M = {{Néstor und Graciela}, {Pedro und Pablo}, {Timo und Betty}}

L = {{gerade Zahlen}, {ungerade Zahlen}}

Einige Mengen sind endlich, wie A, B und C. Andere sind unendlich, wie N und P.

Einige Mengen enthalten als Elemente andere Mengen, wie M, die als Glieder »Paare« beinhaltet.

L hingegen enthält zwei Elemente, die wiederum Mengen sind. Das heißt, *die Elemente einer Menge können auch Mengen sein.*

Nach all diesen Darlegungen möchte ich die Frage ansprechen, die Russell sich stellte:

»Kann eine Menge *sich selbst als Element enthalten*?«

Russell schrieb: »Mir scheint, es gibt eine Klasse von Mengen, wo dies der Fall ist, und eine andere, wo es nicht der Fall ist.« Und er gab als Beispiel die Menge der *Teelöffelchen* an. Offensichtlich ist die Menge aller Teelöffelchen *nicht ein Löffelchen*, und demnach *enthält sie sich nicht selbst als Element.* In gleicher Weise ist *die Menge aller Menschen, die auf der Erde wohnen*, nicht ein Mensch und demzufolge *ist sie nicht ein Element ihrer selbst.*

Auch wenn es der Intuition zu widersprechen scheint, dachte Russell auch an Mengen, die *doch sich selbst als Elemente enthalten.* Zum Beispiel: Die Menge aller Dinge, die *keine Teelöffelchen sind.* Diese Menge enthält auch Löffelchen, gewiss, aber keine für Tee, sowie Gabeln, Fußballspieler, Bälle, Kissen, verschiedene Flugzeugtypen usw. Alles *außer Teelöffelchen.*

Klar ist, dass diese neue Menge (die, die aus allem besteht, was *kein Teelöffelchen ist*) *kein Teelöffelchen ist*! Und demnach, weil sie kein Teelöffelchen ist, *muss sie ein Element von sich selbst sein.*

Russell gab noch ein weiteres Beispiel: Nennen wir A die Menge aller Mengen, die ihre Elemente mit zwanzig Worten oder weniger beschreiben können. (In Wirklichkeit legte Russell dies in englischer Sprache dar, aber das ist für diesen Gedankengang nicht wichtig.)

Zum Beispiel ist die Menge »aller Mathematikbücher« ein Element von A, denn man braucht nur zwei Worte, um ihre Elemente zu beschreiben. Auf die gleiche Weise sind »alle Tiere Patagoniens« auch ein Element von A. Und die Menge »aller Stühle, die es in Europa gibt«, ist ein weiteres Element von A.

Nun bitte ich Sie, über Folgendes nachzudenken: Gehört A zu sich selbst? Das heißt: Ist A ein Element von sich selbst? Damit dies der Wahrheit entspricht, müssten die Elemente von A in zwanzig Worten oder weniger beschrieben werden können. Und wir haben A eben als Menge definiert, deren Elemente »Mengen sind, deren Elemente in zwanzig Worten oder weniger beschrieben werden können«. Auf diese Weise ist A eine Teilmenge von sich selbst.

Von diesem Moment an können wir also zwei Klassen von Mengen betrachten: diejenigen, die sich selbst als Elemente enthalten, und diejenigen, bei denen das nicht der Fall ist.

Bis hierher ist alles klar.

Aber Russell ging noch einen Schritt weiter. Er zog in Betracht, dass

> R = »die Menge aller Mengen, die sich nicht selbst als Elemente enthalten«
>
> = {alle Mengen, die sich nicht selbst als Elemente enthalten} (**)

Zum Beispiel enthält R als Elemente die Menge »aller Hauptstädte Südamerikas«, die Menge »alle meine Geschwister«, »alle Kängurus Australiens« usw. Und natürlich noch viele andere.

Und schließlich die (Eine-Million-)Frage:

»Ist R eine Menge, die sich selbst als Element enthält?«

Analysieren wir die beiden möglichen Antworten.

a) Wenn die Antwort ja lautet, dann enthält R sich selbst als Element. Das heißt, R ist ein Element von R. Aber wie man in (**) sieht, *kann R kein Element von sich selbst sein, denn wenn es so wäre, könnte sie kein Element von R sein.* Also kann R kein Element von sich selbst sein.

b) Wenn die Antwort nein lautet, das heißt, dass R kein Element von sich selbst ist, *dann müsste R zu R gehören*, da R eben aus Mengen gebildet ist, die *sich selbst nicht als Elemente enthalten.*

Dieses Problem liegt den drei Beispielen zugrunde, die ich zu Beginn des Kapitels vorgestellt habe. Es handelt sich um das *Paradoxon von Bertrand Russell*.

Es scheint unmöglich zu entscheiden, ob die Menge, deren Elemente Mengen sind, die sich selbst nicht als Elemente enthalten, *zur Menge gehört oder nicht*.

Nach vielen Jahren einigten sich die Wissenschaftler, die sich der Erforschung der Logik widmen, festzulegen, dass jede Menge, die sich selbst als Element enthält, *keine Menge ist*, und auf diese Weise lösten sie (dem Anschein nach) die Streitfrage. In Wirklichkeit »kehrte« man das Problem »unter den Teppich«.

Biografie von Pythagoras

Pythagoras von Samos wird als Prophet und Mystiker betrachtet. Er wurde auf Samos geboren, auf einer der Inseln der Dodekanes, nicht sehr weit von Milet, dem Ort, wo Thales zur Welt kam. Gelegentlich wird Pythagoras als Schüler Thales' dargestellt, aber dies scheint angesichts einer zeitlichen Differenz von fast einem halben Jahrhundert zwischen beiden nicht sehr wahrscheinlich. Sehr wahrscheinlich ist jedoch, dass Pythagoras nach Babylonien und Ägypten ging und sogar bis nach Indien, um Informationen aus erster Hand über Mathematik, Astronomie und schließlich auch über Religion zu gewinnen.

Pythagoras war zufällig ein Zeitgenosse von Buddha, Konfuzius und Lao-Tse. Ein aufregendes Jahrhundert also, sowohl aus der Sicht der Religion als auch der Mathematik. Als er nach Griechenland zurückkehrte, siedelte er sich in Kroton an, an der südöstlichen Küste des heutigen Ita-

liens, das man aber zur damaligen Zeit »Großgriechen-
land« nannte. Hier gründete er eine Geheimgesellschaft,
die, abgesehen von ihrer mathematischen und philoso-
phischen Basis, an einen orphischen Kult erinnerte.

Dass Pythagoras eine obskure Figur bleibt, ist zum Teil
darauf zurückzuführen, dass alle Dokumente aus dieser Zeit verloren gingen. Zwar wurden in der Antike
einige Pythagoras-Biografien geschrieben, einschließ-
lich von Aristoteles, aber sie sind nicht überliefert.
Eine andere Schwierigkeit, die Figur des Pythagoras
klar zu identifizieren, liegt in der Tatsache begründet,
dass der Orden, den er gründete, gemeinschaftlich und
geheim war. Das Wissen und der Besitz gehörten allen,
sodass die Entdeckungen nicht einem Besonderen zugeschrieben, sondern als Erbe der Gruppe betrachtet
wurden. Daher ist es besser, nicht von der Arbeit des
Pythagoras zu sprechen, sondern von den Leistungen
der »Pythagoräer«.

Der Satz des Pythagoras

Vor vielen Jahren brachte mir Carmen Sessa, eine Freundin von mir und außerordentliche Kennerin jedes The-
mas, das mit Mathematik zu tun hat, einen Umschlag
mit verschiedenen Beweisen für den Satz des Pythagoras. Ich erinnere mich nicht, woher sie sie hatte, aber sie
war begeistert, als sie sah, wie viele verschiedene Arten
es gab, die gleiche Tatsache zu beweisen. Später habe ich
außerdem erfahren, dass es ein Buch gibt *(The Pythago-
rean Proposition)*, das 367 Beweise für diesen Lehrsatz
enthält und 1968 neu aufgelegt wurde.

Was jedenfalls die Beweise betrifft, die mir Carmen gegeben hatte: Es gab einen, der mich wegen seiner Einfachheit faszinierte. Mehr noch: Von diesem Moment an (Ende der 80er Jahre) hörte ich nicht mehr auf, ihn mir immer wieder vor Augen zu führen.

Und mich daran zu erfreuen. Hier kommt er:

Man hat ein rechtwinkliges Dreieck T mit den Seiten a, b und h. (Man nennt ein Dreieck rechtwinklig, wenn einer der Winkel 90 Grad hat, was auch rechter Winkel heißt.)

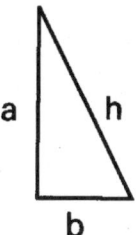

Stellen wir uns vor, dass das Dreieck T aus drei »zusammengeklebten« Fäden gemacht ist. Nehmen wir an, dass man die Seite h »abschneiden« und die Seiten a und b »auseinanderziehen« kann.

Mit dieser neuen »Seite« der Länge (a + b) stellen wir zwei gleiche Quadrate her. Jede Seite des Quadrats misst (a + b).

Wir markieren an jedem Quadrat die Seiten a und b, sodass wir dieses Gebilde zeichnen können:

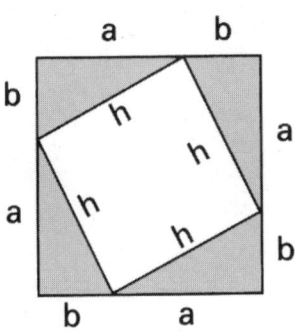

Jetzt schauen wir, wie oft das Dreieck T in jedem Quadrat vorkommt (wofür auf einer Zeichnung die vier Dreiecke T in jedem Quadrat zu markieren sind).

Da die Quadrate gleich sind, *muss* die Fläche (wenn wir erst einmal die vier Quadrate in beiden entdeckt haben), die jeweils »frei« bleibt, die gleiche sein.

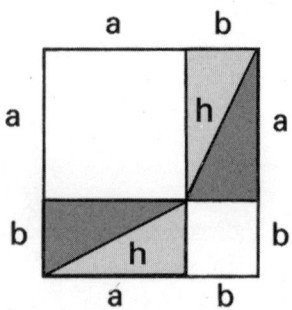

Im ersten Quadrat bleiben also zwei »kleine Quadrate« von der Fläche a^2 und b^2. Auf der anderen Seite entsteht im anderen Quadrat ein »neues« Quadrat der Fläche h^2.

Folgerung: Es »muss« gelten

$$a^2 + b^2 = h^2,$$

was genau das ist, was wir beweisen wollten: »In jedem rechtwinkligen Dreieck ist das Quadrat über der Hypotenuse gleich der Summe der Quadrate über den Katheten.«

In diesem Fall sind die Katheten a und b, während die Hypotenuse h ist.

Ist dies kein wunderbarer Beweis? Es ist nur das Ergebnis einer wundervollen Idee, die kein kompliziertes Werkzeug mehr braucht.[23] Nur gesunden Menschenverstand.[24]

Die Geschichte von Carl Friedrich Gauß

Wir pflegen den Jugendlichen zu sagen, dass das, was sie denken, schlecht ist, nur weil sie nicht so denken wie wir.

Damit senden wir ihnen eine Botschaft zum Verrücktwerden, ähnlich der Botschaft, die wir vermitteln, wenn wir ihnen in den ersten zwölf Lebensmonaten zu sprechen und zu gehen beibringen und dann in den folgenden zwölf Jahren von ihnen verlangen, dass sie still und bewegungslos bleiben sollen.

23 Dieser Lehrsatz wurde in einer Schrift aus Babylonien entdeckt, aus der Zeit zwischen 1900 und 1600 v. Chr. Pythagoras lebte zwischen 560 und 480 v. Chr., doch obwohl die Lösung des Problems ihm zugeschrieben wird, ist es unklar, ob sie auf ihn oder einen seiner Schüler zurückgeht. Und sogar diese Möglichkeit muss nicht unbedingt der Wahrheit entsprechen.

24 Der Lehrsatz ist *umkehrbar* in dem Sinne, dass ein Dreieck der Seiten a, b und h, das die Gleichung

$$a^2 + b^2 = h^2$$

erfüllt, rechtwinklig sein muss. Denken Sie einmal darüber nach, dass das ein sehr interessantes Ergebnis ist. Denn es hätte ja sein können, dass der Satz des Pythagoras für andere Dreiecke, die nicht rechtwinklig sind, zutreffend ist. Dieser Abschnitt besagt jedoch, dass die Eigenschaft, dass das Quadrat über der Hypotenuse gleich der Summe der Quadrate über den Katheten ist, ein Dreieck »charakterisiert«: Es ist zwangsläufig rechtwinklig.

Tatsache ist, dass diese Geschichte mit jemandem zu tun hat, der anders dachte. Und auf diesem Weg löste er auf unerwartete Weise (für den Lehrer) ein Problem. Die Geschichte spielt sich um 1784 im deutschen Braunschweig ab.

Ein Lehrer der dritten Volksschulklasse (mit Namen Büttner, wenngleich es Hinweise gibt, dass er auch von einem Assistenten begleitet war, Martin Bartels) war des »Durcheinanders« müde, das die Kinder anstellten, und um sie etwas ruhig zu halten, gab er ihnen folgendes Problem auf: »Berechnet die Summe der ersten hundert Zahlen.« Die Idee war eigentlich, sie für eine Weile zum Schweigen zu bringen. Tatsache ist, dass ein Kind fast unmittelbar die Hand hob, ohne dem Lehrer überhaupt Zeit zu lassen, es sich auf seinem Stuhl bequem zu machen.

»Ja?«, fragte der Lehrer und sah das Kind an.

»Ich bin schon fertig, Herr Lehrer«, antwortete der Kleine. »Das Ergebnis ist 5.050.«

Der Lehrer konnte nicht glauben, was er gehört hatte, nicht, weil die Antwort falsch gewesen wäre, was sie nicht war, sondern weil ihn die Schnelligkeit verwirrte.

»Hast du das vorher schon einmal gemacht?«, fragte er.

»Nein, erst gerade eben.«

Währenddessen hatten die anderen Kinder gerade einmal die ersten Ziffern auf das Papier geschrieben und verstanden den Dialog zwischen ihrem Kameraden und dem Lehrer nicht.

»Komm und erzähle uns allen, wie du das gemacht hast.«

Der Kleine stand von seinem Stuhl auf, und ohne auch nur das Papier, das er vor sich hatte, mitzunehmen, näherte er sich bescheiden der Tafel und begann die Zahlen aufzuschreiben:

$$1 + 2 + 3 + 4 + 5 + \ldots + 96 + 97 + 98 + 99 + 100$$

»Also«, fuhr der Kleine fort. »Ich habe Folgendes gemacht: Ich habe die erste und die letzte Zahl addiert (das heißt die 1 und die 100). Diese Summe ergibt 101.

Danach habe ich mit der zweiten und der vorletzten (der 2 und der 99) weitergemacht. Diese Summe ergibt wiederum 101.

Dann habe ich die dritte und die vorvorletzte hergenommen (die 3 und die 98). Indem man diese beiden addiert, erhält man wieder 101.

Wenn man auf diese Weise die Zahlen ›zusammenstellt‹ und addiert, hat man 50 Zahlenpaare, deren Summe 101 ist. 50 mal 101 ergibt dann die Zahl 5.050, die Sie haben wollten.«

Die Anekdote endet hier. Der Junge hieß Carl Friedrich Gauß. Er wurde am 30. April 1777 in Braunschweig geboren und starb 1855 in Göttingen, Hannover. Gauß wird als »Fürst der Mathematik« betrachtet und war einer der besten (wenn nicht der beste) Mathematiker der Geschichte.

Wie dem auch sei, es ist hier nicht wichtig, wie berühmt das Kindchen schließlich wurde, sondern ich will besonders betonen, dass man im Allgemeinen dazu tendiert, auf eine bestimmte Art zu denken, die man für »selbstverständlich« hält.

Es gibt Menschen, die dies widerlegen und die Probleme von einem anderen Standpunkt aus betrachten. Das bedeutet nicht, dass sie *alle* Probleme, die sich ihnen stellen, so betrachten, aber das spielt auch kaum eine Rolle.

Warum soll man nicht jedem erlauben, so zu denken, wie er will? Doch gibt es gerade in den Volks- und weiterführenden Schulen und sogar bei den eigenen Eltern die Tendenz, die Kinder zu »dressieren« (im übertragenen Sinn natürlich), womit man erreichen will, dass sie einen Weg gehen, den andere auch schon gegangen sind.

Das ist ganz natürlich, weil es den Erwachsenen zweifellos größere Sicherheiten bietet, doch letzten Endes begrenzt es in unerbittlicher Weise die kreative Fähigkeit derjenigen, deren Film des Lebens zum Teil noch unbespielt ist.

Gauß und seine subtile, aber elementare Methode, die ersten hundert Zahlen zu addieren, sind dafür nur ein Beispiel.[25]

Die Goldbach-Vermutung

Ich bin sicher, dass es Ihnen schon irgendwann einmal passiert ist, dass Sie auf eine Idee gekommen sind, aber nicht so sicher waren, ob sie stimmt, und eine Weile darüber nachgedacht haben. Wenn Ihnen das noch nie passiert ist, dann fangen Sie jetzt an, denn es ist nie zu spät. Aber das Wunderbare ist, im Kopf ein Problem »pflegen« zu können, dessen Lösung unsicher ist. Und es zu

25 Wie würden Sie vorgehen, um nun die ersten tausend Zahlen zu addieren? Und die ersten n Zahlen? Ist es möglich, eine allgemeine Formel zu erschließen?
Die Antwort lautet Ja:

$$1 + 2 + 3 + \ldots + (n-2) + (n-1) + n = \{n(n+1)\}/2$$

wälzen, es aus verschiedenen Blickwinkeln zu betrachten, zu zweifeln, von neuem zu beginnen. Darüber wütend zu werden. Es loszulassen, um es später wiederzufinden. Es ist eine unvergleichliche Erfahrung: Ich empfehle sie Ihnen.

In der Geschichte der Wissenschaft, der verschiedenen Wissenschaften, gibt es viele Beispiele für solche Situationen. In einigen Fällen konnten die gestellten Probleme einfach gelöst werden. In anderen waren die Lösungen sehr viel schwieriger, sie brauchten Jahre (manchmal Jahrhunderte). Aber wie Sie an dieser Stelle bereits vermuten werden, gibt es viele, von denen man immer noch nicht weiß, ob sie richtig oder falsch sind. Das heißt: Es gibt Menschen, die ihr ganzes Leben lang glaubten, es gäbe eine Lösung für das Problem, sie aber nicht finden konnten. Und viele andere, die glaubten, das sei der falsche Weg, aber kein Gegenbeispiel fanden, um es zu beweisen.

Auf alle Fälle würde es dem Autor Ruhm, Prestige und auch Geld bringen, eines jener Probleme zu lösen, die noch »offen« sind.

In diesem Kapitel will ich ein wenig über eine Vermutung erzählen, die unter dem Namen »Goldbach-Vermutung« bekannt ist. Am 7. Juni 1742 (denken Sie nur, dass seither schon 263 Jahre vergangen sind) schrieb Christian Goldbach einen Brief an Leonhard Euler (einen der größten Mathematiker aller Zeiten) und legte ihm nahe, sich für folgende Behauptung einen Beweis zu überlegen:

»Jede gerade positive Zahl größer als zwei kann als Summe zweier Primzahlen geschrieben werden.«

Sehen wir uns zum Beispiel die einfachsten Fälle an:

$$4 = 2 + 2$$
$$6 = 3 + 3$$
$$8 = 3 + 5$$
$$10 = 5 + 5$$
$$12 = 5 + 7$$
$$14 = 7 + 7 = 3 + 11$$
$$16 = 5 + 11$$
$$18 = 7 + 11 = 5 + 13$$
$$20 = 3 + 17 = 7 + 13$$
$$22 = 11 + 11$$
$$24 = 11 + 13 = 7 + 17$$
$$\ldots$$
$$864 = 431 + 433$$
$$866 = 3 + 863$$
$$868 = 5 + 863$$
$$870 = 7 + 863$$

Und so könnten wir immer weitermachen.

Bis heute (August 2005) weiß man, dass die Vermutung für alle geraden Zahlen wahr ist, die kleiner als $4 \cdot 10^{13}$ sind.

Der Roman *Uncle Petros & Goldbach's Conjecture*[26] des australischen (wenngleich in Griechenland aufgewachsenen) Schriftstellers Apostolos Doxiadis, 1992 auf Griechisch veröffentlicht und im Jahr 2000 in verschiedene Sprachen übersetzt, war der Auslöser dafür,

---

26 Die Übersetzung trägt den Titel *Onkel Petros und die Goldbachsche Vermutung*; man darf hervorheben, dass das Buch ein internationaler *Bestseller* wurde.

dass die Verlagshäuser Faber and Faber in Großbritannien und Bloomsbury Publishing in den USA demjenigen, der *die Vermutung* beweisen konnte, *eine Million Dollar* boten. Doxiadis ist auch als einer der Pioniere der Romane mit »mathematischem Thema« bekannt und hat außerdem Regie in Theater und Kino geführt. Aber wichtig in diesem Fall ist, dass die durch den Roman erreichte Popularität in einem Angebot der Verleger (das bisher noch niemand einfordern konnte) mündete.

Es gibt noch eine andere von Goldbach aufgestellte Vermutung, die unter dem Namen »schwache Goldbachsche Vermutung« bekannt ist und besagt, dass jede *ungerade* Zahl größer als 5 als Summe *dreier Primzahlen* geschrieben werden kann. Bis zum heutigen Tag (August 2005) ist sie ebenfalls ein ungelöstes Problem der Mathematik geblieben, wenngleich man weiß, dass sie für ungerade Zahlen mit bis zu sieben Millionen Ziffern gültig ist. Obwohl sich jede Vermutung als falsch herausstellen kann, ist die »kompetente« Meinung der Experten auf dem Gebiet der Zahlentheorie, dass Goldbach mit seiner Annahme *richtig* liegt und es nur eine Frage der Zeit ist, bis der Beweis auftaucht.

Die Geschichte von Srinivasa Ramanujan

Wir wissen sehr wenig über die östliche Geschichte und Wissenschaft. Oder zumindest ist für uns alles, was nicht amerikanisch oder europäisch ist, irgendwo *zwischen weit weg und unbekannt*. Jedoch gibt es eine ganze Menge sehr interessanter Geschichten, um nicht zu sagen, eine ganze Wissenschaft, die außerhalb unserer Reichweite liegt und sich außerordentlicher Gesundheit erfreut.

Srinivasa Ramanujan (1887–1920) war ein indischer Mathematiker, der sich zum Hinduismus bekannte. Da er sehr bescheidener Herkunft war, konnte er eine öffentliche Schule nur dank eines Stipendiums besuchen. Seine Biografen sagen, dass er seinen Kameraden die Dezimalziffern der Zahl π (Pi) aufsagte und bereits mit zwölf Jahren sehr vertraut mit allem war, was mit *Trigonometrie* zu tun hatte. Mit fünfzehn Jahren gab man ihm ein Buch mit 6.000 (!) bekannten Lehrsätzen, aber ohne die entsprechenden Beweise. Das war seine elementare mathematische Ausbildung.

Zwischen 1903 und 1907 entschied er sich, keine Examen mehr an der Universität abzulegen, und widmete seine Zeit Forschungen und Überlegungen zu mathematischen Kuriositäten. 1912 regten seine Freunde ihn dazu an, seine sämtlichen Ergebnisse drei ausgezeichneten Mathematikern mitzuteilen.

Zwei von ihnen antworteten nie. Der dritte, Godfrey Harold Hardy (1877–1947), ein englischer Mathematiker aus Cambridge, war der Einzige. Hardy galt damals als herausragendster Mathematiker seiner Zeit.

Später schrieb Hardy, dass er kurz davor gewesen sei, den Brief einfach wegzuwerfen, doch noch am selben Abend setzte er sich mit seinem Freund John Littlewood zusammen, um die Liste der 120 Formeln und Lehrsätze zu entziffern, die dieser so erstaunliche Mann aus Indien vorschlug. Stunden später waren sie davon überzeugt, das Werk eines Genies vor sich zu haben.

Hardy war ein Mann mit einer schwierigen Persönlichkeit. Er hatte sein eigenes Wertesystem für das mathematische Genie, das im Laufe der Zeit publik wurde:

100 für Ramanujan
80 für David Hilbert
30 für Littlewood
25 für sich selbst

Einige der Formeln Ramanujans überforderten ihn; und sein Erstaunen kommentierend schrieb Hardy: »Sie müssen wahr sein, denn wenn sie es nicht wären, hätte niemand die notwendige Vorstellungskraft besessen, sie zu erfinden.«

Hardy lud Ramanujan 1914 nach England ein, und sie begannen zusammen zu arbeiten. 1917 wurde Ramanujan in die Royal Society of London und am Trinity College aufgenommen und war somit der erste Mathematiker *indischer* Herkunft, dem eine solche Ehre zuteil wurde.

Jedoch gab die Gesundheit Ramanujans immer Anlass zur Sorge. Er verstarb drei Jahre, nachdem er nach London übergesiedelt war, als sein Körper dem ungleichen Kampf mit der Tuberkulose nicht mehr gewachsen war …

Nun eine Anekdote. Es wird erzählt, dass Ramanujan bereits in das Londoner Krankenhaus eingewiesen war, das er nicht mehr verlassen sollte. Hardy ging ihn besuchen. Er kam in einem Taxi und ging zu seinem Zimmer hinauf. Um das Eis zu brechen, erzählte er ihm, dass er mit einem Taxi mit der Nummer 1.729 gefahren sei, *eine langweilige und seichte Zahl.*

Ramanujan, der halb aufgerichtet im Bett saß, sah ihn an und sagte: »Glauben Sie das nicht. Mir scheint sie

eine sehr interessante Zahl zu sein: Sie ist die erste ganze Zahl, die sich auf verschiedene Weise als Summe
zweier Kubikzahlen schreiben lässt.«

Ramanujan hatte Recht:

$$1.729 = 1^3 + 12^3$$

und

$$1.729 = 9^3 + 10^3$$

Außerdem ist 1.729 durch die Summe seiner Ziffern teilbar: 19

$$1.729 = 19 \cdot 91$$

Weitere Zahlen, die diese Bedingung erfüllen, sind:

(9, 15) und (2, 16)
(15, 33) und (2, 34)
(16, 33) und (9, 34)
(19, 24) und (10, 27)

Das heißt:

$$9^3 + 15^3 = 729 + 3.375 = 4.104 = 2^3 + 16^3 = 8 + 4.096$$
$$15^3 + 33^3 = 3.375 + 35.937 = 39.312 = 2^3 + 34^3$$
$$= 8 + 39.304$$
$$16^3 + 33^3 = 4.096 + 35.937 = 40.033 = 9^3 + 34^3$$
$$= 729 + 39.304$$
$$19^3 + 24^3 = 6.859 + 13.824 = 20.683 = 10^3 + 27^3$$
$$= 1.000 + 19.683$$

Ramanujan hatte definitiv Recht ... 1.729 ist keine so
seichte Zahl.

Die mathematischen Modelle von Oscar Bruno

Oscar Bruno ist Doktor der Mathematik. Er arbeitet am California Institute of Technology, bekannter als Cal-Tech. Er widmet sich der Forschung auf Gebieten der angewandten Mathematik, der partiellen Differenzial-gleichungen und der Computerwissenschaft. In seiner Arbeit beschäftigt er sich damit, die Charakteristika ingenieurtechnischer Konstruktionen vorauszusagen, in-dem er mathematische Methoden und Computerpro-gramme einsetzt.

Vor ein paar Jahren bat ich ihn, mir einige Anhaltspunkte über seine Tätigkeit zu geben. Und er schrieb mir diese Zeilen, die ich hier – natürlich mit seiner Erlaubnis – wiedergebe.

»Wie benutzt man mathematische Modelle, um die Quali-tät eines Objekts zu verbessern, bevor man es baut?

Die Vorteile, die solche Methoden bieten, sind zahlreich und eindeutig. Auf der einen Seite ist es viel einfacher und weniger kostenaufwändig, einen Entwurf zu simulieren als zu bauen. Auf der anderen kann ein mathematisches Mo-dell Informationen aufdecken, die man nur sehr schwer oder gar nicht auf experimentellem Weg bekommt.

Natürlich muss die Gültigkeit solcher Modelle durch Ver-gleiche mit Experimenten verifiziert werden, aber wenn ein Modell einmal geprüft ist, kann man einen hohen Grad von Vertrauenswürdigkeit in seinen Vorhersagen er-reichen.

Meine Aufgabe besteht darin, mathematische Modelle für Probleme der Materialwissenschaft zu schaffen und zu prüfen. Des Weiteren beschäftige ich mich damit, nummerische Methoden für eine Vielfalt von Wissenschaftsgebieten zu entwerfen. Durch die nummerischen Methoden kann man die mathematischen Modelle in Computern anwenden.

In der letzten Zeit habe ich an einer Vielfalt von Problemen gearbeitet:

a) Produktion von Radaren,

b) Produktion von Diamanten aus Graphit mittels Schockwellen,

c) Konstruktion eines auf Laserstrahlen basierenden Mikroskops, gemeinsam mit einer Gruppe von Biologen und Physikern,

d) finanzielle Vorhersage,

e) Design von Materialverbindungen aus Gummi und kleinsten Eisenteilchen, auch genannt magnetorheologische Feststoffe (deren Elastizität und Form durch die Anwendung eines Magnetfelds geändert werden können).

Ich will nicht unerwähnt lassen, dass Fortschritte bei dieser Art von Vorhersageproblemen folgende Errungenschaften nach sich ziehen können:

a) neue wissenschaftliche Erkenntnisse,

b) Verbesserungen oder Verbilligung in Produktionsprozessen,

c) Design neuer Artefakte.

Zum Beispiel wird das Mikroskop, das ich eben erwähnt habe, dafür entwickelt, die Beobachtung der Aktivität von lebenden Zellen, ihres Austausches von Flüssigkeiten und Interaktionen mit Mikroorganismen usw. zu ermöglichen.

Nach den auf Gummi basierenden Materialverbindungen hingegen forscht man, um die Mechanismen der Stoßdämpfung in Automobilen zu verbessern: Je nach Art der Straße ist es besser, Gummis mit verschiedenen Härtegraden zu kombinieren.

Indem man Magnetfelder und auf Gummi basierende Materialverbindungen benutzt, kann man den Härtegrad variieren und eine deutliche Reduzierung der Vibrationen erreichen, die für alle Arten von Straßen zweckdienlicher sind.

Die Entwicklung der am besten geeigneten Verbindung (welche Art von Partikeln man verwendet, in welcher Menge und welche Art von Gummi am zweckmäßigsten ist) wird dank der nummerischen Methoden enorm erleichtert. Natürlich muss man dafür keinen Prototyp aus jeder möglichen Rohstoffverbindung produzieren, man benutzt ein Computerprogramm. Um die Charakteristika einer bestimmten Verbindung zu bestimmen, ist es dann nur notwendig – wenn der Computer es verlangt –, eine Folge von Zahlen zu spezifizieren, die die grundlegenden Eigenschaften der verwendeten Inhaltsstoffe charakterisieren.«

Soweit die Überlegungen von Oscar. Nun möchte ich hinzufügen, dass uns Mathematikern oftmals die Frage gestellt wird: »Wozu braucht man das, was Sie machen? Wie setzt man es ein? Verdienen Sie Geld damit?«

Wenn es sich um Mathematiker handelt, die ihr Leben der Wissenschaftsproduktion mit offensichtlicheren oder direkteren Anwendungen widmen, sind die Antworten, wie die Brunos, gewöhnlich klarer und schlagkräftiger. Stammen diese Antworten hingegen von Wis-

senschaftlern, die sich zeitlebens mit der Grundlagen-
forschung oder dem akademischen Leben beschäftigen,
überzeugen sie den Gesprächspartner für gewöhnlich
nicht. Der Durchschnittsbürger fühlt sich verwirrt und
schweigt, aber er ist sich nicht sicher, ob man ihm seine
Frage beantwortet hat. Er versteht nicht.

Eines der Ziele dieses Buches ist es, beide Parteien einander anzunähern. Die Schönheit zu zeigen, die darin
enthalten ist, über ein Problem nachzudenken, dessen
Lösung man nicht kennt. Vor allem: zu überlegen, sich
Wege auszudenken, den Zweifel zu genießen. Und in
jedem Fall zu lernen, mit der Unkenntnis zu koexistie-
ren, aber immer mit der Absicht, sie zu besiegen, den
Schleier zu lüften, der die Wahrheit verbirgt.

Alan Turing über die Unterschiede zwischen Maschine und Mensch

Übereinstimmend mit dem, was ich im *Lexikon der Ideen*
von Chris Rohmann gelesen habe, antwortete Alan Turing auf die Frage, wie man herausfinden könne, ob eine
Maschine intelligent sei:

Die Maschine ist intelligent, wenn sie diesen Test besteht:
Man lasse eine Person einer Maschine und einer anderen
Person parallel Fragen stellen, ohne dass derjenige, der
fragt, weiß, wer die Antworten gibt.
Wenn der Fragesteller nach einiger Zeit nicht in der Lage
ist zu unterscheiden, ob die Antworten von dem Men-
schen stammten, kann die Maschine als intelligent *be-*
zeichnet werden.

Wahrscheinlichkeiten und Schätzungen

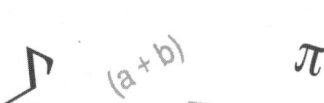

Ein bisschen Kombinatorik und Wahrscheinlichkeitsrechnung

Die Zahl der möglichen Ergebnisse beim Werfen einer Münze ist *zwei*. Offensichtlich Kopf und Zahl. Wenn wir jetzt *zwei Münzen* werfen und die Zahl der möglichen Ergebnisse zählen wollen, haben wir:

Kopf – Kopf
Kopf – Zahl
Zahl – Kopf
Zahl – Zahl

Das heißt, es gibt vier mögliche Ergebnisse. Beachten Sie, dass die Reihenfolge wichtig ist, denn sonst gäbe es *nur drei mögliche Ergebnisse*:

Kopf – Kopf
Kopf – Zahl oder Zahl – Kopf (was das Gleiche wäre)
Zahl – Zahl

Wenn man drei Münzen wirft *und die Reihenfolge eine Rolle spielt*, haben wir an möglichen Fällen: $2^3 = 8$.

Wenn hingegen die Reihenfolge keine Rolle spielt, bleiben nur *vier Fälle*. (Überlegen Sie einmal für jeden Fall, warum das so ist. Ich bitte Sie außerdem, darüber nachzudenken, was passieren würde, wenn ich n Münzen werfen würde und wir die Menge an möglichen Ergebnissen berechnen wollen, *abhängig und unabhängig von der Reihenfolge.*) Und jetzt wollen wir zu den Würfeln übergehen.

> Die Zahl der möglichen Ergebnisse, wenn man einen Würfel wirft, beträgt sechs.
> Die Zahl der möglichen Ergebnisse, wenn man zwei Würfel wirft, beträgt:
>
> $6 \cdot 6 = 6^2 = 36$

Aber: Wenn man zuerst einen roten Würfel wirft und dann einen grünen, wie lautet die Zahl der möglichen Ergebnisse, bei denen der grüne Würfel ein *anderes* Ergebnis als der rote zeigt?

Die Antwort ist $6 \cdot 5 = 30$ (rechnen Sie nach, wenn Sie nicht überzeugt sind).

Wenn wir jetzt drei Würfel haben, lautet die Zahl der möglichen Ergebnisse:

> $6^3 = 216$

Wenn wir aber wollen, dass das Ergebnis beim ersten Wurf anders ist als beim zweiten und dritten, dann sind die möglichen Fälle:

> $6 \cdot 5 \cdot 4 = 120$

Anhand dieser Beispiele können wir überlegen, was in anderen Fällen passiert. Zum Beispiel beim Lottospiel. Es geht darum, sechs Zahlen zwischen 1 und 40 zu treffen, und zwar *in einer bestimmten Reihenfolge*. Daher haben wir folgende möglichen Fälle:

$$40 \cdot 39 \cdot 38 \cdot 37 \cdot 36 \cdot 35 = 2.763.633.600 \text{ Möglichkeiten}$$

Denken Sie daran, dass *sich die Wahrscheinlichkeit, dass ein Ereignis eintrifft, als Quotient aus den günstigen Fällen und den möglichen Fällen definiert.*[27] Daher ist die Wahrscheinlichkeit, dass Kopf eintritt, wenn man eine Münze wirft, 1/2, weil es *nur einen günstigen Fall gibt (Kopf)* und zwei mögliche Fälle (Kopf und Zahl). Die Wahrscheinlichkeit, dass zuerst *Kopf* und dann *Zahl* erscheint, wenn man zwei Münzen wirft (vorausgesetzt die Reihenfolge zählt), ist 1/4, weil es *einen einzigen günstigen Fall (Kopf–Zahl) und* vier mögliche Fälle gibt (Kopf–Kopf, Kopf–Zahl, Zahl–Kopf und Zahl–Zahl).

Kehren wir zum Beispiel des Lottospiels zurück. Das Ergebnis ist interessant, denn die Wahrscheinlichkeit, im Lotto zu gewinnen, ist offensichtlich sehr gering. *Die Chance steht eins zu mehr als zweitausendsiebenhundertsechzig Millionen.* Sehen Sie, es ist nicht leicht.

Wenn man großzügig wäre und sich dazu entschließt, die Reihenfolge außer Acht zu lassen, muss man durch 6!

---

27 Ich nehme an, dass die Fälle die gleiche Wahrscheinlichkeit des Eintretens haben. Das heißt, dass weder eine Münze gezinkt ist noch dass ein Würfel eine schwerere Seite hat noch der Roulettekessel einen begünstigten Sektor usw. Mit anderen Worten: Die Fälle haben die gleiche Wahrscheinlichkeit einzutreten.

teilen. (Erinnern Sie sich, wie wir die Fakultät auf Seite 65 definiert haben?) Das liegt daran, dass man die sechs Zahlen, wenn man sie einmal ausgewählt hat, auf 120 verschiedene Arten anordnen kann, ohne sie auszutauschen. Das nennt man in der Mathematik eine *Permutation*.

Wenn man dann die Zahl (2.763.633.600) durch 120 teilt, erhält man 3.838.380. Das heißt, wenn man beim Lotto sechs Zahlen unter den ersten vierzig auswählen würde, ohne dass die Reihenfolge zählt, in der sie auftauchen, dann erhöht sich die Wahrscheinlichkeit zu gewinnen stark. Jetzt ist sie 1 zu 3.838.380.

Fahren wir mit dem Spiel fort: Gehen wir nun zum Kartenspiel über. Bei einem Kartenspiel mit 52 Karten: Wie viele mögliche Blätter von jeweils fünf Karten gibt es? (Beachten Sie, dass die Reihenfolge irrelevant ist, wenn man Karten in einem Spiel bekommt. Wichtig ist das Blatt, das man bekommen hat, und nicht die Reihenfolge, in der man sie in der Hand hält.) Das Ergebnis ist:

$$52 \cdot 51 \cdot 50 \cdot 49 \cdot 48/(5!) = 2.598.960$$

Wenn sich jetzt die Frage stellt, auf wie viele Arten ich vier Asse bekommen kann, lautet die Antwort 48, denn diese 48 sind die verbleibenden Möglichkeiten für die fünfte Karte (die anderen vier sind schon vergeben: Es sind die Asse, und da es insgesamt 52 Karten waren, abzüglich der vier Asse, bleiben 48). Die Wahrscheinlichkeit, dass ich eine Hand von vier Assen bekomme, ist 48/(2.598.960), was fast 1 zu 50.000 ist. Das heißt für diejenigen, die Poker spielen und wissen wollen, wie hoch die Wahrscheinlichkeit ist, einen Ass-Vierling zu haben: Sie ist ziemlich niedrig. (Ich gehe hier davon aus, dass man nur fünf Karten austeilt und dass keine Karten ausgetauscht werden. Das schreibe ich für die Puristen, die anmerken werden, dass man sich bestimmter Karten entledigen und neue anfordern kann.)

Und wenn man wissen will, wie hoch die Wahrscheinlichkeit ist, einen König-Vierling zu bekommen? Würde sich diese ändern? Die Antwort lautet nein, denn ob die Karten, die sich wiederholen, Asse sind oder Könige oder Damen oder was auch immer, ändert nichts an dem gelieferten Argument. Allenfalls wird es etwas bunter.

Was nun folgt, ist eine wichtige Feststellung: Wenn zwei Ereignisse voneinander unabhängig sind, in dem Sinn, dass das Ergebnis des einen unabhängig von dem des anderen ist, dann *erhält man die Wahrscheinlichkeit, dass beide eintreten, indem man die Wahrscheinlichkeiten beider multipliziert.*

Zum Beispiel ist die Wahrscheinlichkeit, dass zweimal Kopf herauskommt, wenn man zweimal eine Münze wirft:

$$(1/2) \cdot (1/2) = 1/4$$

(Es gibt vier mögliche Fälle: Kopf–Kopf, Kopf–Zahl, Zahl–Kopf und Zahl–Zahl; von ihnen ist nur einer günstig: Kopf–Kopf. Daher 1/4).

Die Wahrscheinlichkeit, dass eine Zahl beim Roulette fällt, ist:

$$1/37 = 0{,}027\ldots$$

Dass eine »rote« Zahl fällt, ist 18/37 = 0,48648…
Aber dass fünfmal hintereinander »Rot« erscheint, bemisst sich durch $(0,48648)^5 = 0,027…$

Das heißt, in 2,7 % der Fälle. Das ist eine wichtige Erkenntnis, denn was wir messen, hat mit der Wahrscheinlichkeit zu tun, dass fünf »rote« Zahlen hintereinander auftreten. Aber die Wahrscheinlichkeit ist berechnet, bevor der Croupier zu werfen beginnt.
Dies ist nicht dasselbe, wie wenn man zum Spielen an einen Roulettetisch in einem Casino geht und fragt: »Was kam bis jetzt?« Wenn man die Antwort bekommt, dass vier »rote« Zahlen hintereinander gefallen sind, *beeinflusst diese Tatsache nicht die Wahrscheinlichkeit der Zahl, die als Nächstes auftreten wird*: Die Wahrscheinlichkeit, dass »Rot« fällt, ist wieder 18/37 = 0,48648…, dass »Schwarz« erscheint, ebenfalls 18/37 = 0,48648…
Und dass die Null kommt, 1/37 = 0,027027…
Gehen wir nun von den Spielen zu den Personen über (die vielleicht gerade ein Spiel spielen). Wenn man eine Person zufällig herausnimmt, ist die Wahrscheinlichkeit, dass sie *nicht* im Monat Juli geboren wurde, 11/12 = 0,9166666… (Das heißt, die Wahrscheinlichkeit liegt bei fast 92 %, dass sie nicht im Juli zur Welt kam.)[28] Die Wahrscheinlichkeit muss jedoch immer größer oder gleich null und kleiner oder gleich eins sein. Wenn man in Wahrscheinlichkeitsbegriffen spricht, müsste man sagen: Die Wahrscheinlichkeit beträgt 0,916666… Zieht man es dagegen vor, sich in *Prozenten* auszudrücken,

---

28 Dabei gehe ich davon aus, dass alle Monate dieselbe Anzahl von Tagen haben. Andernfalls wäre es, als hätte man eine *gezinkte Münze*.

muss man sagen, dass sich der Prozentsatz der Wahrscheinlichkeit, dass sie nicht im Juli geboren ist, auf mehr als 91,66 % beläuft.

(Anmerkung: Die Wahrscheinlichkeit, dass ein Ereignis eintritt, ist immer eine Zahl zwischen null und eins. Bei dem Prozentsatz der Wahrscheinlichkeit, dass es zu eben diesem Ereignis kommt, handelt es sich immer um eine Zahl zwischen 0 und 100).

Wenn man fünf Personen per Zufall auswählt, ist die Wahrscheinlichkeit, dass keine von ihnen im Juli geboren wurde

$$(11/12)^5 = 0,352\ldots,$$

das heißt, ungefähr 35,2 % der Fälle. Um es noch einmal deutlich zu sagen: Bei fünf zufällig herausgegriffenen Personen ist die Wahrscheinlichkeit, dass *keine* von den fünf im Juli geboren wurde, ungefähr 0,352 %, oder, anders ausgedrückt, in mehr als 35 % der Fälle kam keine der Personen im Juli zur Welt.

Wie ich bereits erwähnt habe, ist es irrelevant, dass der betrachtete Monat der Juli ist. Das Gleiche gilt für jeden Monat. Aber: Man muss ihn vorher bestimmen. Die Frage (damit sie die gleiche Antwort erhält) muss lauten: Wie hoch ist die Wahrscheinlichkeit, dass von fünf beliebigen Personen keine der fünf im Monat … geboren ist (in die Lücke kann jeder beliebige Monat eingetragen werden)?

Kehren wir zu den Würfeln zurück. Was ist wahrscheinlicher: bei vier Würfen mindestens einmal eine 6 zu würfeln oder *zwei Sechsen mit zwei Würfeln zu bekommen*, wenn man sie 24 Mal wirft?

Die Wahrscheinlichkeit, »keine« 6 zu erhalten, ist

$5/6 = 0,833...$

Da vier Mal gewürfelt wird, ist die Wahrscheinlichkeit, dass »keine« 6 fällt:

$(5/6)^4 = 0,48...$

Die Wahrscheinlichkeit, mindestens einmal eine 6 zu haben, wenn man einen Würfel vier Mal wirft, ist ungefähr

$1 - 0,48 = 0,52$

Auf der anderen Seite ist die Wahrscheinlichkeit, »keine« *zwei Sechsen* zu würfeln, wenn man *zwei Würfel nimmt*,

$(35/36) = 0,972...$

(Die günstigen Fälle, *keine* zwei Sechsen zu erhalten, sind 35 der 36 möglichen.)
In Übereinstimmung mit dem, was wir bis hierher gesehen haben, ergibt sich bei 24 Würfen folgende Zahl:

$(0,972)^{24} = 0,51...$

Das heißt, die Wahrscheinlichkeit, zwei Sechsen zu bekommen, wenn man zwei Würfel 24 Mal wirft, ist

$1 - (0,51) = 0,49...$

→ **Fazit:** Es ist wahrscheinlicher, eine Sechs zu würfeln, wenn man einen Würfel vier Mal hernimmt, als zwei Sechsen zu erhalten, wenn man zwei Würfel 24 Mal wirft.

Interview mit verbotener Frage[29]

Dieses Beispiel zeigt eine subtile Art, ein Problem zu vermeiden. Nehmen wir an, man will eine Gruppe von Personen zu einem kritischen, delikaten Problem interviewen. Sagen wir, man will den Prozentsatz von Jugendlichen herausfinden, die am Gymnasium Drogen konsumiert haben.

Es ist sehr gut möglich, dass die Mehrheit sich unbehaglich fühlt, mit Ja antworten zu müssen. Das würde natürlich den Wahrheitsgehalt der Befragung ruinieren.

Wie stellt man es also an, das Hindernis der Scham oder Unannehmlichkeit zu »umgehen«, das die Frage aufwirft? In dem Beispiel will der Interviewer jeden Schüler befragen, ob er während seiner Gymnasialzeit irgendwelche Drogen konsumiert hat. Er versichert ihm jedoch folgende Vorgehensweise:

---

29 Was hier folgt, ist ein Auszug dessen, was Alicia Dickenstein mir im Rahmen des ersten Wissenschaftsfestivals erzählte, das in Buenos Aires stattfand (*Buenos Aires Piensa*, dt. »Buenos Aires denkt«). Alicia sagte mir, Doktor Eduardo Cattani, ein argentinischer Mathematiker aus Amherst, Massachusetts, habe ihr von dieser Methode berichtet. Und das erstaunt nicht, denn Eduardo ist ein Mensch mit unstillbarem Wissensdurst, ein großer Fachmann und darüber hinaus ein guter Freund. Er war der erste Assistent, den ich an der Fakultät für Mathematik und Naturwissenschaften hatte, um das Jahr 1965. Seither sind nicht weniger als vierzig Jahre vergangen.

Der Jugendliche wird in eine »Kabine« treten, als würde er zum Wählen gehen, und eine Münze werfen. Niemand sieht, was er tut. Man bittet ihn nur, die Regeln einzuhalten:

1. Wenn Kopf herauskommt, muss er »Ja« antworten (egal wie die richtige Antwort lautet),
2. Wenn jedoch Zahl herauskommt, muss er die Wahrheit sagen.

Jedenfalls ist er selbst sein einziger Zeuge.

Mit dieser Methode erwartet man mindestens rund 50 % positive Antworten (die daher rühren, dass die Münze »schätzungsweise« in der Hälfte der Fälle Kopf zeigt). Wenn hingegen jemand *Nein* sagt, dann lautet die richtige Antwort *Nein*. Das heißt, dieser Jugendliche *hat keine Drogen genommen*. Nehmen wir jedoch an, es gibt ungefähr 70 % positive Antworten (die Jugendlichen antworteten mit *Ja*). Sagt uns das nichts? Sind Sie nicht versucht festzustellen, ob diese Daten irgendeine Schlussfolgerung erlauben?

Wie immer bitte ich Sie, *selbst ein wenig darüber nachzudenken*. Anschließend folgen Sie bitte meinem Gedankengang. Über die Zahl der positiven Antworten hinaus *erwartete man von vornherein* einen Anteil von (mindestens) rund 50 %, denn man nimmt an, dass in der Hälfte der Fälle Kopf herauskommt, da die Münze *nicht gezinkt ist*. Allein aufgrund dieser Angabe weiß man, dass die Hälfte der Teilnehmer *Ja sagen muss*, wenn sie aus der Kabine herauskommt. Gleichzeitig gibt es aber weitere 20 % Antworten, die positiv sind und *NICHT daher rühren, dass die Münze Kopf zeigte*. Wie soll man diesen Hinweis interpretieren?

Fest steht: Wenn Zahl geworfen wurde (was der anderen Hälfte der Fälle entspricht), haben ca. 20 % der Schüler ausgesagt, *dass sie Drogen genommen haben*. Man könnte also zu dem Schluss kommen (und ich bitte Sie mitzudenken), dass mindestens rund 40 % der Schüler Konsumenten irgendeiner Droge waren. Warum? Weil von den übrigen 50 % 20 % (nicht weniger!) mit Ja geantwortet haben. Und genau die 20 % von diesen 50 % implizieren rund 40 % der Personen.

Dieses System vermeidet es, auf denjenigen, der mit Ja antwortet, zu zeigen und ihn einer peinlichen Situation auszusetzen. Aber auf der anderen Seite hat man die Möglichkeit, das zu fragen, was man wissen möchte.

Für diejenigen, die etwas mehr Kenntnisse über Wahrscheinlichkeitsrechnung besitzen und wissen, was die *bedingte Wahrscheinlichkeit* ist, können wir hier einige Formeln angeben.

Wenn wir x die Wahrscheinlichkeit nennen, dass die Antwort Ja lautet, dann gilt:

$$x = p\,(\text{»Ergebnis Kopf«}) \cdot p\,(\text{»Ja«, wenn Kopf}) +$$
$$p\,(\text{»Ergebnis Zahl«}) \cdot p\,(\text{»Ja«, wenn Zahl}),$$

wobei wir definieren:

p (»Ergebnis Kopf«) = Wahrscheinlichkeit, dass die Münze Kopf zeigt

p (»Ja«, wenn Kopf) = Wahrscheinlichkeit, dass der Jugendliche Ja sagt, wenn beim Wurf der Münze *Kopf* herauskommt

p (»Ergebnis Zahl«) = Wahrscheinlichkeit, dass die Münze *Zahl* zeigt p (»Ja«, wenn Zahl) = Wahrscheinlichkeit, dass der Jugendliche *Ja* sagt, wenn beim Wurf der Münze *Zahl* herauskommt.

Auf der anderen Seite:

p (Kopf) = p (Zahl) = 1/2
p (»Ja«, wenn Kopf) = 1
p (»Ja«, wenn Zahl) = ist die Wahrscheinlichkeit des Drogenkonsums, was genau das ist, was wir berechnen wollen. Nennen wir sie P.[30]

Das heißt:

$$x = 1/2 \cdot 1 + 1/2 \cdot P \Rightarrow P = 2 \cdot (x\text{-}1/2) \qquad (*)$$

Wenn zum Beispiel der Prozentsatz der positiven Antworten bei ca. 75 % gelegen hätte (das heißt 3/4 der Gesamtheit aller Antworten), erhält man, indem man x durch 3/4 in der Formel (*) ersetzt:

$$P = 2 \cdot (3/4 - 1/2) = 2 \cdot (1/4) = 1/2$$

Dies würde bedeuten, dass die *Hälfte* der studentischen Bevölkerung während des Gymnasiums irgendeine Droge konsumierte.

---

30 Tatsächlich gehe ich davon aus, dass die Personen immer die Wahrheit sagen werden. Da dies nicht immer der Fall ist, müsste man hier, um genau zu sein, mit einem *Korrektur*faktor multiplizieren, der diese Wahrscheinlichkeit einschätzt. Das Beispiel soll jedoch lediglich einen Weg *illustrieren*, auch wenn er nicht *ganz so exakt* ist, wie er sein müsste.

Wie man die Zahl der Fische in einem Teich schätzt

Eines der größten Defizite, die unsere Bildungssysteme haben, zumindest wenn man von Mathematik spricht, besteht darin, dass man uns nicht zu *schätzen* lehrt. Ja. *Zu schätzen.*

Es könnte uns nämlich prinzipiell dabei helfen, einen gesunden Menschenverstand zu entwickeln. Wie viele Häuserblocks hat eine Stadt? Wie viele Blätter kann ein Baum tragen? Wie viele Tage lebt eine Person durchschnittlich? Wie viele Ziegel braucht man, um ein Haus zu bauen?

Für dieses Kapitel habe ich folgenden Vorschlag: die Menge an Fischen zu schätzen, die es in einem bestimmten Gewässer gibt. Nehmen wir an, wir wären an einem Teich. Das heißt einem Wasserkörper von vernünftigen Proportionen. Wir wissen, dass es möglich ist, dort zu fischen, würden aber gerne einschätzen können, wie viele Fische es gibt. Wie geht man vor?

Natürlich bedeutet *schätzen* nicht *zählen.* Es geht darum, eine *Vorstellung* von einer Menge zu gewinnen. Zum Beispiel könnte man vermuten, dass es im Teich tausend Fische gibt oder dass es eine Milliarde Fische gibt. Das ist zweifellos ein großer Unterschied. Aber was tun?

Wir werden gemeinsam eine Überlegung anstellen. Nehmen wir an, dass man ein Netz auftreibt, das man sich von Fischern ausleiht. Und man macht sich ans Fischen, bis man tausend Fische hat. Es ist wichtig, dass jegliches Vorgehen, das man anwendet, um die tausend Fische zu bekommen, die Fische nicht umbringt, weil wir sie lebend ins Wasser zurückwerfen müssen. Sobald wir die tausend

Fische haben, *färben wir sie mit einer Farbe ein, die wasserunlöslich ist, oder markieren sie* auf andere Weise. Sagen wir zum Beispiel, wir färben sie gelb ein.

Dann werfen wir sie ins Wasser zurück und warten eine angemessene Zeit. Mit »angemessen« ist gemeint, dass wir ihnen Zeit lassen, sich wieder unter die Population zu mischen, die den Teich bevölkert. Sobald wir uns dessen sicher sind, nehmen wir *nach derselben Methode* wieder *tausend Fische* heraus. Natürlich werden nun einige der Fische, die wir bekommen, eingefärbt sein und andere nicht. Nehmen wir an – immer in Hinblick darauf, leichter rechnen zu können –, dass unter den tausend, die wir jetzt gefischt haben, nur *zehn* gelb markierte sind.

Das heißt, dass der Anteil von *gefärbten Fischen* im Teich *zehn zu tausend* ist. (Fahren Sie nicht fort, wenn Sie dieses Argument nicht verstehen. Wenn Sie es verstanden haben, gehen Sie zum folgenden Absatz weiter. Wenn nicht, denken Sie mit mir zusammen nach. Was wir getan haben, nachdem wir sie eingefärbt haben: Wir haben die tausend Fische in den Teich geworfen und ihnen Zeit gegeben, sich unter diejenigen zu mischen, die vorher da waren. Wenn wir erneut tausend Fische herausholen, ist zwischen denen, die wir vorher eingefärbt haben, und denen, die im Wasser geblieben waren, kein Unterschied mehr zu erkennen.)

Wenn wir wieder tausend Fische herausholen und sehen, dass *zehn gelb gefärbte* darunter sind, heißt das, dass *zehn von tausend* Fischen im Teich mit Farbe versehen sind. Wir wissen zwar nicht, wie viele Fische es gibt, wohl aber, wie viele *gefärbte Fische wir haben*. Wir wissen, dass es tausend sind. Wenn unter tausend Fischen je zehn gefärbte sind (das heißt *einer von hun-*

dert) – und *wir wissen*, dass in dem Teich tausend markierte Fische sind und dass diese *ein Prozent der Gesamtheit* repräsentieren –, bedeutet das, dass *ein Prozent der Fische, die im Teich sind, tausend beträgt*. Daher müssen im Teich *hunderttausend Fische* sein.

Diese Methode ist zweifellos *nicht genau*, sie vermittelt eine Schätzung, keine Gewissheit. Doch angesichts der Unmöglichkeit, alle Fische zu *zählen*, ist es besser, wenigstens eine Vorstellung zu haben.

Das Problem des Schubfach-Prinzips (oder *pigeonhole principle*)

Eine der Aufgaben von (uns) Mathematikern besteht darin, nach *Mustern* zu forschen. Das heißt, Situationen zu suchen, die sich »wiederholen«, sich ähneln. Auch Besonderheiten ausfindig zu machen oder Dinge, die verschiedene Objekte gemeinsam haben. So bemühen wir uns um Schlussfolgerungen (oder Lehrsätze), mit denen man ableiten kann, dass es unter bestimmten Voraussetzungen (wenn sich bestimmte Hypothesen bestätigen) zu *bestimmten Konsequenzen* kommt (man folgert diese oder jene These). Statt jedoch abstrakte Vermutungen anzustellen, lassen Sie mich Ihnen gewisse Beispiele zeigen.

Wenn ich fragen würde: Wie viele Personen müssen in einem Kino sein, damit ich sicher sein kann … (ich sagte *sicher*) …, dass mindestens *zwei von ihnen* am selben Tag Geburtstag haben? (Ich meine nicht, dass sie im selben Jahr geboren sind, nur dass sie am selben Tag Geburtstag feiern.)

(Sie überlegen natürlich selbst, bevor sie die nachstehende Antwort lesen.)

Bevor ich die Antwort niederschreibe, möchte ich einen Moment mit Ihnen nachdenken (wenn Sie es nicht schon alleine getan haben). Zum Beispiel: Bei zwei Kinobesuchern gibt es ganz klar keine Garantie, dass beide am selben Tag Geburtstag haben. Das Wahrscheinlichste ist, dass es nicht so ist. Aber jenseits von *wahrscheinlich* oder *nicht wahrscheinlich* ist es ja so, dass wir *Sicherheiten* wollen. Und wenn sich im Kinosaal *zwei Personen* befinden, könnten wir niemals sicher sein, dass die beiden am selben Tag geboren wurden.

Das Gleiche gilt für drei Personen. Oder sogar für zehn. Oder fünfzig. Nein? Oder hundert. Oder zweihundert. Oder sogar dreihundert. Warum? Nun ja, weil wir, auch wenn es bei einem Saal mit dreihundert Personen wahrscheinlich ist, dass zwei von ihnen ihren Geburtstag am selben Tag feiern, diesen Fall noch nicht *sicherstellen oder garantieren* können. Wir könnten auch das »Pech« haben, dass alle an verschiedenen Tagen des Jahres geboren wurden.

Wir nähern uns einem interessanten Punkt (und ich bin sicher, dass Sie schon bemerkt haben, worauf ich hinauswill). Denn selbst wenn sich im Saal 365 Personen befänden, *könnten wir noch nicht sicherstellen, dass zwei von ihnen am gleichen Tag Geburtstag haben.* Es könnte sein, dass *alle an einem anderen Tag des Jahres geboren wurden.* Schlimmer noch: Wir könnten es nicht einmal mit 366 Personen garantieren (wegen der Schaltjahre). Es könnte sein, dass die 366 Personen, die wir im Saal haben, exakt *alle möglichen Tage eines Jahres ohne Wiederholung abdecken.*

Jedoch gibt es ein kategorisches Argument: Wenn 367 Personen im Saal sind, *besteht keine Möglichkeit*, dass sie uns entkommen: Mindestens *zwei* müssen am gleichen Tag die Kerzen ausblasen.

Natürlich weiß man weder, welche diese Personen sind (aber das war auch nicht die Frage), noch, ob es nur zwei sind, die die gewünschte Eigenschaft erfüllen. Es kann sein, dass es mehr gibt ... viel mehr, aber das interessiert uns nicht. Garantiert ist, dass wir mit 367 das Problem lösen.

Jetzt bringe ich unter Berücksichtigung dieser Idee, die wir eben diskutiert haben, ein anderes Problem vor: Wie können wir beweisen, dass es in der Stadt Buenos Aires mindestens zwei Personen mit der gleichen Anzahl von Haaren auf dem Kopf gibt?

Natürlich könnte man die Frage schnell beantworten, indem man an die Leute mit »Glatze« appelliert. Sicher gibt es in Buenos Aires zwei Personen, die keine Haare und daher dieselbe Anzahl von Haaren auf dem Kopf haben: null! Einverstanden. Aber lassen wir diese Fälle beiseite. Wir wollen ein Argument finden, das eine überzeugende Antwort liefert, und zwar ohne Zuflucht zu *null Haaren* zu nehmen.

Bevor ich die Lösung niederschreibe: Der Umstand, dass ich dieses Problem an dieser Stelle anbringe, *unmittelbar nachdem* ich das Problem mit den Geburtstagen diskutiert habe, legt nahe, dass es *irgendeine Verbindung zwischen beiden geben muss*. Sie können zwar nicht sicher sein, aber es ist sehr wahrscheinlich. Also? Irgendeine Idee?

Noch eine Frage: Haben Sie eine Vorstellung davon, wie viele Haare ein Mensch auf dem Kopf haben kann? Haben Sie sich diese Frage schon einmal gestellt? Nicht, dass man es zum Leben unbedingt bräuchte, aber ...

wenn man die Dicke eines Haares und die Oberfläche der Kopfhaut jeglicher Person berücksichtigt, lautet das Ergebnis, dass *es nicht möglich ist, dass jemand mehr als 200.000 Haare hat.* Und das wäre schon ein Fall wie King-Kong oder so ähnlich. Es ist unmöglich, sich eine Person mit 200.000 Haaren vorzustellen. Aber denken wir diesen Gedanken weiter.

Was machen wir mit dieser neuen Information: Was nützt es zu wissen, dass ein Mensch *maximal* 200.000 Haare auf dem Kopf haben kann? Was stellen wir damit an?

Wie viele Personen leben in Buenos Aires? Irgendeine Vorstellung? Nach dem Zensus des Jahres 2000 leben 2.965.403 Personen in der Stadt Buenos Aires. Um das Problem zu lösen, brauchen wir keine so präzise Information. Es reicht also zu sagen, dass es mehr als zwei Millionen neunhundertsechzigtausend Personen sind. Wieso sind diese Daten ausreichend? Wieso ist dieses Problem nun das gleiche wie das mit den Geburtstagen? Könnten vielleicht alle Einwohner von Buenos Aires eine unterschiedliche Anzahl von Haaren auf dem Kopf haben?

Ich denke, die Antwort dürfte klar sein. Wenn wir die beiden Informationen zusammenbringen, die wir haben (die Höchstmenge an Haaren, die eine Person auf ihrem Kopf haben kann, und die Einwohnerzahl der Stadt), lässt sich schließen, dass *sich die Anzahl an Haaren bei den Personen ohne Zweifel wiederholen muss.* Und nicht nur einmal, sondern *viele, viele Male.* Aber das interessiert uns schon nicht mehr. Uns interessiert, dass wir die Frage beantworten können.

➜ **Fazit:** Wir haben dasselbe Prinzip benutzt, um zwei Schlussfolgerungen zu ziehen. Sowohl beim Geburtstags- als auch beim Haarproblem gibt es eine Gemeinsamkeit: Es ist, als ob man eine Anzahl von Löchern und eine Anzahl von Kügelchen hätte. Wenn man 366 Löcher hat und 367 Kügelchen und sie alle aufteilen muss, *ist es unvermeidlich, dass es mindestens ein Loch mit zwei Kügelchen geben muss.* Und wenn man 200.000 Löcher hat und fast drei Millionen Kügelchen, die man verteilen möchte, ist es das gleiche Spiel: Es gibt auf jeden Fall Löcher mit mehr als einem Kügelchen.

Dieses Prinzip ist unter dem Namen »pigeonhole principle« (wörtlich »Taubenschlagprinzip«) oder »Schubfach-Prinzip« bekannt. Wenn man eine Anzahl von Nestern hat (sagen wir »n«) und eine Anzahl von Tauben (sagen wir »m«), dann muss es, wenn die Zahl m größer ist als die Zahl n, *in irgendeinem Nest mindestens zwei Tauben geben.*

Klavierstimmer (in Boston)

Gerardo Garbulsky war ein großer Lieferant von Ideen und Material, nicht nur für das Fernsehprogramm, sondern auch für mein Leben im Allgemeinen und meinen Unterricht an der Fakultät im Besonderen.

Gerardo und seine Frau Marcela lebten einige Jahre in Boston. Sie verließen Argentinien unmittelbar nach Gerardos Hochschulabschluss in Physik an der Universität von Buenos Aires. Dann machte er seinen Doktor – auch in Physik – am MIT (Massachusetts Institute of Technology).

An einem bestimmten Punkt, als er den Titel bereits in der Hand hatte, wollte er das akademische Leben hinter sich lassen und eine Anstellung in einer privaten Firma suchen, wo er seine Fähigkeiten einsetzen konnte. Und auf der Suche nach einer Stelle stieß er auf eine Institution, die bei der Auswahl des potenziellen Personals, das sie einstellen wollte, die Kandidaten einer Reihe von Gesprächen und Tests unterzog.

Bei einem dieser Treffen sagte ihm ein Manager der Firma in einem persönlichen Gespräch, dass er ihm einige Fragen stellen würde, die dazu dienten, seinen »gesunden Menschenverstand« einzuschätzen. Gerardo war überrascht; er wusste nicht genau, worum es ging, wollte sich die Fragen aber anhören.

»Wie viele Klavierstimmer gibt es Ihrer Meinung nach in der Stadt Boston?« (Das Gespräch fand in ebendieser Stadt der USA statt.)

Es ging natürlich nicht darum, diese Frage *präzise* zu beantworten. Vermutlich weiß *niemand* genau, wie viele Klavierstimmer es in einer Stadt gibt. Es ging vielmehr darum, dass jemand, der in einer Stadt lebt, so etwas *schätzen* könne. Sie forderten nicht, dass er 23 oder 450.000 sagte. Aber sie wollten seine Gründe hören. Und sehen, dass er zu einer Schlussfolgerung gelangte. Nehmen wir für einen Augenblick an, es gäbe in etwa tausend. Sie wollten natürlich nicht, dass er 23 oder 450.000 schätzte, weil das sehr weit von der ungefähren Zahl entfernt gewesen wäre.

Ebenso würde niemand, wenn man ihn fragte, was wohl die Tageshöchsttemperatur in der Stadt Buenos Aires sein könnte, 450 Grad sagen oder auch 150 Grad unter null. Man wollte *eine Schätzung* haben. Aber noch viel mehr: Man wollte ihn »argumentieren« hören.

Mittlerweile habe ich mir selbst die nötigen Informationen zusammengesucht, um *meine eigene Mutmaßung* anzustellen. Und ich bitte Sie, mir zu folgen. Zu dem Zeitpunkt, an dem ich diese Zeilen schreibe (Mai 2005), leben in Boston ungefähr 589.000 Personen, und es gibt ungefähr 250.000 Häuser.

Also haben wir bis hierher:

Personen: 600.000
Häuser: 250.000

Hier müssen wir abermals eine Vermutung anstellen. In jedem wievielten Haus, würde man sagen, gibt es ein Klavier? In jedem hundertsten? Tausendsten? Zehntausendsten? Ich entscheide mich für das hundertste, was mir am wahrscheinlichsten erscheint.

Das heißt, bei 250.000 Häusern und einem Klavier in jedem hundertsten gehe ich von 2.500 Klavieren in Boston aus.

An dieser Stelle müssen wir aber noch eine *Schätzung* machen. Um wie viele Klaviere kümmert sich jeder Stimmer? Hundert? Tausend? Zehntausend? Ich werde erneut meine eigene Schätzung anstellen und nehme wieder hundert. Wenn es also 2.500 Klaviere gibt und jeder Stimmer um die hundert Klaviere betreut (im Durchschnitt natürlich), bedeutet das, dass es nach meiner Schätzung ungefähr 25 Klavierstimmer gibt.[31]

31 Sie brauchen weder mit meiner Argumentation noch mit den Zahlen, die ich vorschlage, übereinzustimmen. Es ist nur eine Vermutung. Aber ich bitte Sie, Ihre eigenen anzustellen und zu schlussfolgern, was Ihnen richtig erscheint. Ah, und die Firma, die die Auswahl des Personals machte, war übrigens The Boston Consulting Group, die Gerardo damals eingestellt hat; er arbeitet noch heute für diese Firma, in der Niederlassung, die sie in Argentinien hat.

Eine weitere Anekdote im gleichen Zusammenhang: Nach der Vorauswahl lud man alle Bewerber zu einer Schulung im Babson College ein. Jeder Anwärter würde drei komplette Wochen (von Montag bis Samstag) damit verbringen müssen, Kurse und vorbereitende Seminare zu besuchen. Dafür erhielt jeder einige Wochen vor dem Termin eine Schachtel, die verschiedene Bücher enthielt.

Als die Schachtel bei Gerardo zu Hause ankam und er den Inhalt sah, musste er eine neue Schätzung anstellen. Er fand heraus: Wenn es das Ziel war, alle Bücher zu lesen, »bevor« er sich im Babson College vorstellte, handelte es sich dabei um eine nicht zu erfüllende Aufgabe. Indem er eine mehr oder weniger elementare Rechnung aufstellte, merkte er, dass er nicht alle schaffen könnte (bei weitem nicht), selbst wenn er Tag und Nacht lesen und nichts anderes tun würde. Daher entschied er sich, auf »selektive« Art zu lesen. Er wählte aus, »was er lesen würde« und »was nicht«. Er versuchte irgendwie, das »Wichtige« von dem »Nebensächlichen« zu trennen.

Wie er später herausfand, wollte die Firma mit dieser Aufgabe eine weitere Botschaft vermitteln: »Es ist unmöglich, hundert Prozent von dem zu schaffen, was man tun sollte. Es kommt darauf an, dass man in der Lage ist, die wichtigsten zwanzig Prozent auszuwählen, um die relevantesten Themen abzudecken und zu vermeiden, dass man einen Großteil seiner Zeit den 80 % der Themen widmet, die weniger wichtig sind.«

Das globale Dorf

Wenn wir in diesem Moment die Weltbevölkerung so einschrumpfen lassen könnten, dass sie die Größe eines Dörfchens von genau hundert Personen hätte, wobei wir die derzeitigen Größenverhältnisse aufrechterhalten, kämen wir zu folgendem Ergebnis:

- Es gäbe 57 Asiaten, 21 Europäer, 14 Amerikaner und 8 Afrikaner.
- 70 wären keine Weißen; 30 wären Weiße.
- 70 wären keine Christen; 30 wären Christen.
- 50 % des Reichtums des gesamten Planeten wäre in der Hand von sechs Personen. Die sechs wären Bürger der Vereinigten Staaten.
- 70 wären Analphabeten.
- 50 litten an Unterernährung.
- 80 lebten in dürftigen Behausungen.
- Nur einer hätte ein universitäres Bildungsniveau.

Ist es nicht so, dass wir von einem höheren Entwicklungsniveau des Menschen ausgehen?
Diese Daten entstammen einer Publikation der Vereinten Nationen vom 10. August 1996. Wenn auch fast zehn Jahre verstrichen sind, so sind sie immer noch überraschend.

Die Geschichte der argentinischen Autokennzeichen

In Argentinien hatten die Autos bis vor einigen Jahren auf ihren »Kennzeichen« eine Kombination aus einem Buchstaben und sechs oder sieben Zahlen.

Der Buchstabe wurde benutzt, um die Provinz zu kennzeichnen. Die Zahlenkombination identifizierte das Auto. Das »Kennzeichen« eines Autos, das aus der Provinz Córdoba stammte, lautete zum Beispiel so:

X357892

Das Kennzeichen eines Autos aus der Provinz San Juan lautete:

J243781

Die Autos aus der Provinz Buenos Aires sowie der Bundeshauptstadt selbst stellten mit der Zeit ein Problem dar. Da der Fahrzeugpark bereits eine Million Autos überstieg[32], benutzte man jetzt – abgesehen vom Buchstaben B für Buenos Aires und C für Capital (dt. »Hauptstadt«) – eine siebenstellige Zahl. Nun konnte man auf der Straße zum Beispiel Autos mit folgendem Kennzeichen sehen:

$B_1 793852$

$C_1 007253$

---

32 Dabei handelt es sich sowohl um *die Automobile, die* zu diesem Zeitpunkt *angemeldet waren*, als auch um jene, die früher einmal *angemeldet* waren, aber bereits nicht mehr existierten, denn ihre Nummern konnten ebenfalls nicht mehr benutzt werden.

Man musste also die Zahl hinter dem Buchstaben (die anzeigte, zu »welcher Million« das Auto gehörte) »verkleinern«, weil nicht mehr genug Platz verfügbar war.

Diese ganze Einleitung dient dazu, die »Lösung« zu präsentieren, auf die man kam. Man schlug vor, das *ganze System der Autokennzeichen des Landes* zu ändern und von nun an drei Buchstaben und drei Ziffern zu benutzen. Es gab zum Beispiel die Kennzeichen:

NDC 378

XEE 599

Man wollte den ersten Buchstaben als Identifizierung der Provinz beibehalten und sich gleichzeitig das Alphabet zunutze machen, da die Anzahl der Buchstaben des Alphabets größer ist als die Anzahl der Ziffern. Bevor ich Ihnen im Folgenden darlegen werde, auf welches Hindernis die Behörden mit dieser Änderung stießen, möchte ich gemeinsam mit Ihnen überlegen, wie viele Kennzeichen man auf diese Weise schreiben kann.

Denken Sie an die Information, die wir einem »Autokennzeichen« entnehmen können: Man hat *drei* Buchstaben und *drei* Ziffern. Da aber der erste Buchstabe für jede Provinz fest ist, gibt es in Wirklichkeit nur *zwei* Buchstaben und *drei* Ziffern, die man in jeder Provinz »zur Verfügung hat«.

Wenn die Zahl der Buchstaben, die das spanische Alphabet hat (wenn man »ñ« ausschließt), 26 beträgt: Wie lassen sich die verschiedenen Paare zählen, die man bilden kann? Statt auf die Antwort zu sehen, die ich in den folgenden Zeilen niederschreiben werde, denken Sie (ein klein wenig) selbst nach.

Eine Hilfe: Die Paare könnten sein AA, AB, AC, AD, AE, AF, ..., AX, AY, AZ (das heißt, es gibt 26, die mit dem Buchstaben A beginnen). Dann würde folgen (wenn wir sie der Reihe nach denken) BA, BB, BC, BD, BE, ..., BX, BY, BZ (wieder 26, die mit dem Buchstaben B beginnen). Nun könnten wir diejenigen aufschreiben, die mit dem Buchstaben C anfangen, und hätten wieder 26. Und so weiter. Daher haben wir für jeden Anfangsbuchstaben 26 Möglichkeiten der *Zusammenstellung*. Das heißt, es gibt insgesamt 26 · 26 = 676 Buchstabenpaare.

Jetzt haben wir schon alle Kombinationen der drei Buchstaben verbucht. Die erste identifiziert die Provinz, und für die beiden folgenden haben wir 676 Möglichkeiten.

Nun müssen wir noch »zählen«, wie viele wir für die drei Zahlen haben. Aber das ist leichter. Wie viele Dreierkombinationen kann man mit drei Zahlen bilden? Wenn man mit dem Dreierpaar

000

beginnt und mit 001, 002, 003 fortfährt, bis man zu 997, 998, 999 gelangt: Die Gesamtsumme beträgt dann 1.000 (tausend). (Verstehen Sie, warum es tausend sind und nicht 999? – Wenn Sie es sich selbst überlegen wollen, umso besser. Wenn nicht, denken Sie daran, dass die Dreiergruppen mit der »dreifachen Null« beginnen.) Schon haben wir das Handwerkszeug, das wir brauchen.

Jede Provinz (diese legt dann den ersten Buchstaben fest) besitzt 676 Möglichkeiten für die Buchstaben und tausend für die Dreierpaare der Zahlen. Insgesamt gibt es also 676.000 Kombinationen. Wie Sie merken, hätte diese Zahl für einige Provinzen Argentiniens ausgereicht, aber nicht für die am dichtesten besiedelten, und noch viel weniger, um das Problem zu lösen, das den Ausschlag für die ganze Änderung gegeben hat.

Welche Lösung fand man also, um die Autokennzeichen zu »modernisieren« und die Datenbasis für den Fuhrpark zu »aktualisieren«? Man musste den ersten Buchstaben »befreien«. In diesem Fall: Wenn es keine Einschränkung mehr für den ersten Buchstaben gibt (wenn er nicht mehr mit einer Provinz in Verbindung zu stehen braucht), hat man damit 26 zusätzliche Möglichkeiten für jede der 676.000 Kombinationen der übrigen »fünf« Stellen (die zwei Buchstaben und die drei Ziffern).[33] Daher ist die Gesamtzahl

26 x 676.000 = 17.576.000

Mit mehr als 17 Millionen verfügbaren »Autokennzeichen« gibt es keine Probleme mehr. Eins aber ist klar: Man weiß nicht mehr, zu welcher Provinz jedes Auto gehört. Unklar ist, wer die ursprünglichen Berechnungen angestellt hat, die einen derartigen Skandal auslösten. Und alles nur, weil man eine ganz banale Rechnung nicht gemacht hat.

---

33 Um das zu verstehen: Nehmen Sie eine der 676.000 möglichen Kombinationen. Fügen Sie an ihren Anfang den Buchstaben A hinzu. Dann nehmen Sie dieselben 676.000 und stellen den Buchstaben B an ihren Beginn. Wie man sieht, hat man nun die Zahl der »Kennzeichen« verdoppelt. Wenn man nun den Buchstaben C am Anfang hinzunimmt, verdreifacht sich die Zahl. Wenn man mit dieser Prozedur fortfährt und jeden der 26 Buchstaben des Alphabets benutzt, merkt man, dass man die Möglichkeiten, die man vorher hatte, mit 26 multipliziert hat.

Wie viel Blut gibt es auf der Welt?

Um eine Vorstellung von den Zahlen zu bekommen, die uns umgeben, wollen wir uns fragen, wie man die Menge an Blut schätzen kann, die es auf der Welt gibt.

Machen wir folgende Rechnung: Wie viel Blut fließt im Körper eines erwachsenen Menschen? Die Menge ist natürlich unterschiedlich, abhängig von verschiedenen Gegebenheiten. Doch machen wir eine *großzügige* Schätzung, versuchen wir *das Höchstmaß* zu veranschlagen; sagen wir, die *Obergrenze* liegt bei fünf Litern (und ich weiß, dass das eine *enorme Menge* ist, der Durchschnitt liegt eher bei vier als bei fünf Litern. Aber egal. Es geht ja nur um eine Schätzung). Ein Kind hat natürlich viel weniger, aber ich werde trotzdem annehmen, dass jede Person, *ob erwachsen oder nicht*, fünf Liter in ihrem Körper hat.

Wir wissen, dass es etwas mehr als sechs Milliarden Menschen auf der Welt gibt (tatsächlich schätzt man, dass es schon um die 6,3 Milliarden sind).

Daher ergeben sechs Milliarden à fünf Liter pro Person eine Gesamtmenge (ungefähr natürlich) von 30 Milliarden Litern Blut auf der Welt.

Das heißt, wenn wir

$$6.000.000.000 = 6 \cdot 10^9 \text{ (Personen)}$$

sind, ergibt das, wenn man mit fünf multipliziert:

$$30.000.000.000 = 30 \cdot 10^9 \text{ Liter Blut}$$

Demgegenüber:

$$10^3 \text{ Liter} = 1.000 \text{ Liter} = 1 \text{ m}^3 \qquad (*)$$

Wenn wir also feststellen wollen, wie viele Kubikmeter Blut es gibt, und wir wissen, dass 30 Milliarden Liter vorhanden sind, muss man die Umrechnung (*) benutzen:

$$\{30 \cdot 10^9 \text{ Liter}\} / \{10^3 \text{ Liter}\} = x \cdot m^3$$

wobei x für unsere Unbekannte steht.
Das heißt also:

$$x = 30 \cdot 10^6 = 30.000.000$$

Demnach gibt es 30 Millionen Kubikmeter Blut.

Um eine *bessere Vorstellung* von der Menge zu haben, nehmen wir an, man wollte dieses ganze Blut in einem Kubus unterbringen. Welche Dimensionen müsste der Kubus haben? Dafür ist es notwendig, die *Kubikwurzel der Zahl x* auszurechnen.

$$\sqrt[3]{x} = [(\sqrt[3]{30}) \cdot 10^2] \approx [(3{,}1 \cdot 10^2]$$

(Denn die Kubikwurzel von 30 ist ungefähr gleich 3,1.)

Wenn wir also einen *Kubus* von 310 Metern Seitenlänge herstellen, würde *das gesamte Blut, das es auf der Welt gibt,* hineinpassen. Das hört sich gar nicht so viel an, oder?
Um einen weiteren Anhaltspunkt zu haben, wie viel diese Zahl bedeutet, betrachten wir den See Nahuel Huapi im Südosten Argentiniens. Dieser See hat eine Oberfläche von ungefähr 500 km². Die Frage ist nun: Wenn wir in den See das gesamte Blut hineingeben, das es auf der Welt gibt, um wie viel würde sein Wasserspiegel steigen?

Um das schätzen zu können, stellen wir uns den See als Schuhschachtel vor. Wie berechnet sich das Volumen? Man multipliziert die Oberfläche des Bodens mit der Höhe der Schachtel. In diesem Fall wissen wir, dass der Boden 500 Quadratkilometer hat. Und wir wissen, dass wir ein Volumen von 30 Millionen Kubikmetern hinzufügen werden. Unsere Aufgabe ist jetzt festzustellen, um wie viel die Höhe (die wir h nennen) ansteigt.

Wenn wir die Gleichungen aufschreiben, haben wir:

$$500 \text{ km}^2 \cdot h = 30 \cdot 10^6 \cdot \text{m}^3$$
$$500 \cdot 10^6 \text{ m}^2 \cdot h = 30 \cdot 10^6 \text{ m}^3 \qquad\qquad (**)$$

(wobei wir die Formel benutzt haben, die besagt, dass $1 \text{ km}^2 = 10^6 \text{ m}^2$)

Wenn wir dann die Gleichung (**) nach h auflösen, haben wir:

$$h = (30 \cdot 10^6 \text{ m}^3) / 500 \cdot 10^6 \text{ m}^2 = (3/50) \text{ m} = 0{,}06 \text{ m} = 6 \text{ cm}$$

Diesen Rechnungen zufolge können wir anhand unserer Schätzung feststellen, dass der Spiegel des Sees Nahuel Huapi, in den wir das gesamte Blut der Welt geschüttet haben, *nur um … 6 Zentimeter ansteigen würde!*

→ **Fazit:** Entweder gibt es sehr wenig Blut auf der Welt, oder es gibt *sehr viel … aber richtig viel Wasser.*

Geburtstagswahrscheinlichkeiten

Wir wissen schon, dass in einem Raum 367 Personen sein müssen, um *sichergehen* zu können, dass mindestens zwei von ihnen am selben Tag ihren Geburtstag feiern können.

Jetzt ändern wir die Fragestellung: Was wäre, wenn wir uns damit zufriedengäben, dass die Wahrscheinlichkeit, dass zwei Personen am selben Tag Geburtstag haben, größer als 1/2 ist? Das heißt, wenn wir uns damit begnügen zu wissen, dass die Wahrscheinlichkeit größer als 50 % ist – wie viele Personen müssten es sein?

Gehen wir dieses Problem auf folgende Weise an: Wenn man zwei Personen hat, berechnet sich die Wahrscheinlichkeit, dass sie nicht am selben Tag Geburtstag haben, folgendermaßen:

$$(365/365) \cdot (364/365) = (364/365) = 0{,}99726\ldots \qquad (*)$$

Wie erklärt sich diese Rechnung? Nehmen wir eine beliebige Person. Sie wurde an einem der 365 Tage des Jahres geboren (wir lassen die Schaltjahre beiseite, aber die Rechnung würde genauso funktionieren, wenn wir 366 Tage mit einbezögen). Auf alle Fälle *muss* sie *an einem der 365 Tage des Jahres zur Welt gekommen sein.*

Wenn wir nun eine weitere Person auswählen, wie viele mögliche Fälle gibt es, dass sie *nicht* am selben Tag geboren wurden?

Es ist so, als würden wir berechnen, wie viele Paare zweier verschiedener Tage man im Jahr auswählen kann. In beliebiger Reihenfolge. Das heißt, für den ersten gibt es 365 Möglichkeiten. Für die zweite Person bleiben noch 364 Tage (denn einer muss ja schon für die erste Person herangezogen worden sein).

Daher sind die *günstigen* Fälle bei zwei Personen (wobei *günstig* bedeutet, dass *sie nicht am selben Tag geboren wurden*)

$$365 \cdot 364 = 132.860$$

Und wie viele mögliche Fälle sind es insgesamt? Nun, die möglichen Fälle sind *alle möglichen Paare von Tagen, die sich im Jahr bilden lassen.*
Demnach:

$$365 \cdot 365 = 133.225$$

Wenn man die Wahrscheinlichkeit, dass ein Ereignis eintritt, also dadurch berechnet, dass man die günstigen Fälle durch die möglichen Fälle teilt, erhält man:

$$(365 \cdot 364) / (365 \cdot 365) = 132.860/133.225$$
$$= 0,997260273973\ldots$$

Wenn wir jetzt *drei Personen* hätten und wollen, dass *keine der drei am gleichen Tag geboren wurde,* sind die *günstigen* Fälle nun alle möglichen Dreierkombinationen von Tagen im Jahr *ohne Wiederholung.*
Das heißt

$$365 \cdot 364 \cdot 363 = 48.228.180$$

Warum? Weil es für die erste Stelle (oder für eine der drei Personen) 365 Möglichkeiten gibt. Für die zweite

Person bleiben noch 364 (denn wir wollen nicht, dass sie sich mit der ersten überschneidet). Wie wir vorher gesehen haben, rechnet man: 365 · 364. Für die *dritte Person* bleiben jetzt nur noch 363 mögliche Tage ohne Wiederholung.

Daher *sind die möglichen Dreierkombinationen, ohne den Tag zu wiederholen*:

$$365 \cdot 364 \cdot 363$$

Die *möglichen* Fälle hingegen, das heißt alle *möglichen Dreiergruppen von Tagen, die wir im Jahr wählen können*, sind:

$$365 \cdot 365 \cdot 365 = 365^3 = 48.627.125$$

Also ist die *Wahrscheinlichkeit bei drei Personen, dass keine von ihnen am gleichen Tag geboren wurde*:

$$(365 \cdot 364 \cdot 363)/365^3 = 0{,}991795834115\ldots$$

Würden wir das Ganze mit *vier Personen* fortsetzen, sind die möglichen Fälle von *Viererkombinationen* von Tagen im Jahr *ohne Wiederholung*:

$$365 \cdot 364 \cdot 363 \cdot 362 = 17.458.601.160$$

Und alle möglichen Fälle sind:

$$365 \cdot 365 \cdot 365 \cdot 365 = 365^4 = 17.748.900.625$$

Das heißt, *die Wahrscheinlichkeit, dass vier Personen an vier verschiedenen Tagen des Jahres geboren wurden, ist*:

$$(365 \cdot 364 \cdot 363 \cdot 362)/365^4 = 17.458.601.160/$$
$$17.748.900.625 = 0{,}983644087533\ldots$$

Würde man auf diese Weise weitermachen: Wie viele Male müsste man den Vorgang wiederholen, damit die Wahrscheinlichkeit, dass kein Personenpaar der Gruppe am gleichen Tag Geburtstag hatte, kleiner als $1/2 = 0{,}5$ ist?

Die Antwort lautet 23, und daher ist, wenn man eine beliebige Person aus einer Gruppe von 23 Personen auswählt, die Wahrscheinlichkeit größer als 50 %, dass zwei von ihnen am gleichen Tag Geburtstag haben … Nun geht es darum, die Probe zu machen …

Indem wir so weitermachen, versuchen wir zu dem Punkt zu kommen, an dem die Zahl, die sich aus diesem Quotienten ergibt, *kleiner als 0,5* ist. In dem Maße, wie man die Zahl der Personen erhöht, nimmt die Wahrscheinlichkeit ab, dass sie an verschiedenen Tagen zur Welt kamen. Und die Zahl, die wir weiter oben gefunden haben, zeigt, dass die Wahrscheinlichkeit, dass alle 23 Personen an unterschiedlichen Tagen geboren wurden, kleiner als $1/2$ ist. Oder, anders ausgedrückt: Wenn man eine *zufällig ausgewählte* Gruppe von 23 Leuten hat, ist die Wahrscheinlichkeit, dass *zwei am gleichen Tag Geburtstag haben*, größer als $1/2$. Oder Sie können auch sagen, die Chancen sind größer als 50 %. Und diese Tatsache konnte man sich – außerhalb des Kontextes, den wir gerade analysiert haben – gar nicht vorstellen, nicht wahr?

Sollten Sie diese Rechnung nachprüfen wollen, versuchen Sie es, wenn Sie das nächste Mal an einem Fußballspiel teilnehmen (elf Spieler pro Mannschaft, ein Schiedsrichter und zwei Linienrichter). Die Wahrscheinlichkeit ist höher als 50 %, dass es unter den 25 Personen zwei gibt, die am gleichen Tag Geburtstag haben. Da diese Information bei vielen, die an dem Spiel teilnehmen, gegen die Intuition spricht, können Sie vielleicht sogar eine Wette gewinnen.

Die gezinkte Münze

Jedes Mal, wenn es eine Auseinandersetzung über irgendetwas gibt und man eine Entscheidung zwischen zwei Möglichkeiten treffen muss, greift man üblicherweise darauf zurück, *eine Münze in die Luft zu werfen.* Dabei nimmt man gemeinhin an (ohne sich davon zu überzeugen), dass die Münze nicht gezinkt ist. Das heißt: Man geht davon aus, dass die Wahrscheinlichkeit, dass Kopf oder Zahl herauskommt, die gleiche ist. Und diese Wahrscheinlichkeit ist 1/2, das heißt die Hälfte aller Fälle.[34]

Soweit nichts Neues. Jetzt wollen wir annehmen, dass man sich zwischen zwei Möglichkeiten entscheiden muss. Aber im Gegensatz zur vorhergehenden Fragestellung erfährt man, dass die Münze *gezinkt ist.* Nicht,

---

34 Vielleicht ist die Bemerkung, dass die Münze nicht gezinkt ist, gar nicht notwendig, denn wenn man etwas entscheiden will, *gleicht* es die Chancen *aus*, die jeder hat, wenn keiner der beiden *weiß*, ob sie gezinkt ist oder nicht.

dass sie *auf beiden Seiten Kopf oder Zahl* hätte. Nein. Zu sagen, dass sie gezinkt ist, heißt, dass die Wahrscheinlichkeit, dass *Kopf herauskommt, P ist*, während die Möglichkeit, dass *Zahl* erscheint, *Q ist*, aber man verfügt nicht über das Wissen, dass P und Q gleich sind.

In jedem Fall nehmen wir noch zwei Dinge an:

a) $\quad$ P + Q = 1
b) $\quad$ P ≠ 0 und Q ≠ 0

Teil a) besagt: Obwohl P und Q nicht gleich 1/2 sein müssen, wie im Fall einer gewöhnlichen Münze, *ergibt die Summe der Wahrscheinlichkeit eins*. Das heißt, entweder erscheint Kopf oder Zahl. Teil b) stellt sicher, dass die Münze nicht so gezinkt ist, dass *immer Kopf oder immer Zahl herauskommt*.

Die Frage ist: Wie kann man zwischen zwei Alternativen entscheiden, wenn man eine Münze mit solchen Eigenschaften hat?

Die Antwort finden Sie im Lösungsteil.

Probleme

Laterales Denken

Was ist laterales Denken? Auf der Internetseite von Paul Sloane (*http://rec-puzzles.org/lateral.html*) liest man folgende Erklärung:

Man bekommt ein Problem gestellt, das nicht ausreichend Informationen enthält, um die Lösung herausfinden zu können. Um voranzukommen, ist ein Dialog notwendig zwischen demjenigen, der es stellt, und demjenigen, der es lösen will.

Folglich besteht ein wichtiger Teil des Ablaufs darin, Fragen zu stellen. Die drei möglichen Antworten sind: ja, nein oder irrelevant.

Wenn sich eine Linie der Fragen erschöpft, muss man von einer anderen Seite her kommen, aus einer vollkommen anderen Richtung. Und hier kommt das laterale Denken ins Spiel.

Für viele Menschen ist es frustrierend, wenn ein Problem die Konstruktion von verschiedenen Antworten – die über das Rätsel »hinausgehen« – »zulässt« oder »tole-

riert«. Jedoch sagen die Experten, dass ein gutes Problem des lateralen Denkens *dasjenige ist, dessen Antwort am meisten Sinn hat, die tauglichste und befriedigendste ist. Mehr noch: Wenn man schließlich zur Antwort gelangt, fragt man sich »Wieso ist mir das nicht eingefallen?«.*

Die bekannteste Liste von Problemen dieser Art ist folgende:

A) DER MANN IM AUFZUG

Ein Mann lebt in einem Gebäude im zehnten Stock (10). Jeden Tag nimmt er den Aufzug ins Erdgeschoss, um zur Arbeit zu gehen. Wenn er zurückkommt, nimmt er jedoch den Aufzug bis zum siebten Stock und geht die restlichen Stockwerke (bis zum zehnten) zu Fuß. Warum macht er das, obwohl er es hasst, Treppen zu steigen?

B) DER MANN IN DER BAR

Ein Mann geht in eine Bar und bittet den Barmann um ein Glas Wasser. Der Barmann geht auf die Knie und sucht etwas, holt eine Waffe heraus und zielt auf den Mann, der zu ihm gesprochen hat. Der Mann sagt »Danke« und geht.

C) DER MANN, DER SICH »SELBST ERHÄNGTE«

Mitten in einer vollkommen leeren Scheune wurde ein erhängter Mann aufgefunden. Der Strick um seinen Hals war am Dachbalken befestigt und hatte drei Meter Länge. Seine Füße hingen in einer Höhe von einem Meter über dem Boden. Die nächste Wand befand sich sieben Meter von dem Toten entfernt. Wenn es unmöglich ist, die Wände zu erklimmen oder auf das Dach zu steigen, wie hat er sich dann erhängen können?

D) MANN AUF EINEM OFFENEN FELD MIT EINEM UNGEÖFFNETEN PAKET

Auf einem Feld liegt ein toter Mann. Neben ihm befindet sich ein *ungeöffnetes* Paket. Auf dem Feld gibt es keine Spur von einem weiteren Lebewesen. Wie ist er gestorben?

E) DER ARM, DER PER POST KAM

Ein Mann erhielt ein Paket per Post. Er öffnete es vorsichtig und fand einen menschlichen Arm darin. Er untersuchte ihn, packte ihn wieder ein und schickte ihn an einen anderen Mann. Dieser zweite Mann untersuchte das Paket ebenfalls sehr sorgfältig und brachte den Arm in einen Wald, wo er ihn begrub. Warum taten sie das?

F) ZWEI FREUNDE GEHEN ZUM ESSEN IN EIN RESTAURANT

Sie hatten den Untergang eines kleinen Bootes überlebt, in dem sie und der Sohn des einen gefahren waren. Sie hatten über einen Monat zusammen auf einer verlassenen Insel verbracht, bis sie gerettet wurden. Die beiden bestellen das gleiche Gericht. Nach dem ersten Bissen verlässt einer der beiden das Restaurant und erschießt sich. Warum?

G) EIN MANN STEIGT DIE TREPPE EINES GEBÄUDES HINAB

Plötzlich weiß er, dass seine Frau soeben gestorben ist. Woher weiß er das?

H) DIE MUSIK GING AUS.

Die Frau starb. Erklären Sie dies.

I) AUF DEM BEGRÄBNIS DER MUTTER ZWEIER
   SCHWESTERN

verliebt sich eine von beiden heftig in einen Mann, den sie nie zuvor gesehen hatte und der den Hinterbliebenen sein Beileid aussprach. Die beiden Schwestern waren die einzigen Hinterbliebenen. Nach dem Begräbnis, wieder zu Hause, erzählt eine Schwester der anderen, was sie für den Mann empfand (und noch immer empfindet), von dem sie nicht wusste, wer er war, und den sie noch nie zuvor gesehen hatte. Unmittelbar darauf tötet sie die Schwester. Warum?

Eine umfassendere Bibliografie zum Thema finden Sie unter *http://rinkworks.com/brainfood/lateral/shtml*

Das Problem der drei Schalter

Unter allen Problemen, die laterales Denken verlangen, gefällt mir dieses am besten. Ich will klarstellen, dass es keine »Tücken« gibt und »alles mit rechten Dingen zugeht«. Es handelt sich um ein Problem, das sich mit den gegebenen Hinweisen lösen lassen müsste. Hier kommt es. Man hat ein leeres Zimmer, mit Ausnahme einer Glühbirne, die von der Decke hängt. Der Lichtschalter befindet sich draußen vor dem Zimmer. Dort gibt es jedoch nicht nur einen Schalter, sondern drei gleiche, die nicht voneinander zu unterscheiden sind. Man weiß, dass nur einer der Schalter das Licht an- und ausschaltet (und natürlich, dass das Licht funktioniert).

Das Problem ist folgendes: Die Tür des Zimmers ist geschlossen. Man kann mit den Schaltern so lange »spielen«, wie man möchte. Man kann jede beliebige Kombination probieren, darf das Zimmer aber nur einmal betreten. Wenn man wieder herauskommt, muss man in der Lage sein zu sagen: »Das ist der Lichtschalter.« Die drei Schalter sind gleich und alle in der gleichen Position: auf »aus«. Um es noch klarer auszudrücken: Während man vor der geschlossenen Tür steht, darf man sich mit den Schaltern vergnügen, solange man will. Aber es kommt der Moment, an dem man beschließt, das Zimmer zu betreten. Kein Problem. Man tut es. Aber wenn man herauskommt, muss man die Frage beantworten können, welcher der drei Schalter die Lampe betätigt.

Noch einmal: Das Problem beinhaltet keine Tücken. Man kann weder unter der Tür hindurchsehen, noch gibt es ein Fenster, durch das man von draußen in das Zimmer hineinschauen könnte. Das Problem lässt sich ohne »Zauberei« lösen.

Jetzt sind Sie dran.

128 Teilnehmer an einem Tennisturnier

Zu einem Tennisturnier melden sich 128 Teilnehmer an. Es wird nach dem K.o.-System gespielt. Das heißt: Der Spieler, der ein Match verliert, scheidet aus.

Die Frage ist: Wie viele Matches müssen *insgesamt* ausgetragen werden, bis der Sieger feststeht?[35]

---

35 Es ist offenkundig, dass man die Rechnung machen kann, indem man alle Daten aufschreibt, aber die Idee dahinter ist, die Fähigkeit auf die Probe zu stellen, anders, auf »nichtkonventionelle« Weise zu denken. Die Lösung findet sich im Anhang.

Das Problem der drei Personen, die in eine Bar kommen und mit 30 Pesos eine Rechnung von 25 bezahlen müssen

Drei Personen kommen in eine Bar. Die drei geben ihre Bestellung auf und wollen essen. Als es ans Zahlen geht, bringt der Kellner die Rechnung, die genau 25 Pesos ergibt. Die drei Freunde beschließen, zusammen zu bezahlen und die Gesamtrechnung unter sich aufzuteilen. Deshalb holt jeder aus seiner Tasche einen 10-Pesos-Schein. Einer von ihnen sammelt das Geld ein und gibt dem Kellner 30 Pesos.

Der Kellner kommt nach einer Weile mit dem Wechselgeld zurück: fünf Scheine zu einem Peso. Sie beschließen, dem Kellner zwei Pesos Trinkgeld zu geben und teilen die restlichen drei Pesos unter sich auf: einen für jeden.

Die Frage ist: Wenn jeder von ihnen 9 Pesos bezahlt hat (den 10-Pesos-Schein, den er beigesteuert hatte, abzüglich des einen Pesos Wechselgeld, den er bekam, als der Kellner zurückkam), haben sie, da sie drei Personen sind, bei 9 Pesos pro Mann 27 Pesos bezahlt. Wenn wir dazu die *zwei Pesos Trinkgeld* addieren, die der Kellner bekommen hat, ergeben die 27 plus die zwei Pesos 29 Pesos! Wo ist der fehlende Peso?

Die Antwort findet sich auf der Seite mit den Lösungen.

Gemeinsame Vorfahren

Für diejenigen, die an die Geschichte von Adam und Eva glauben, habe ich eine interessante Frage. Aber auch für diejenigen, die *nicht* daran glauben, kann sie beunruhigend sein.

Hier ist sie: Jeder von uns kam durch die Vereinigung unserer Eltern auf die Welt. Von ihnen hatte wiederum jeder zwei Elternteile (und solange die Wissenschaft nicht so weit fortschreitet, dass sie Individuen klonen kann, war bisher immer das Vorhandensein eines Mannes und einer Frau für die Fortpflanzung vonnöten … in der Zukunft weiß ich es nicht, aber bis heute war und ist es so). Das heißt: Jeder von uns hat (oder hatte) vier Großeltern. Und acht Urgroßeltern. Und sechzehn Ururgroßeltern. Und hier halte ich einen Augenblick inne.

Wie man beobachten kann, bedeutet jeder Generationensprung eine Multiplikation der Zahl der Vorfahren, die für unsere Geburt tätig werden mussten, mit zwei. Das heißt:

1. $1 = 2^0$ = Sie
2. $2 = 2^1$ = Ihre Eltern (Mutter und Vater)
3. $4 = 2^2$ = Ihre Großeltern (mütterlicher- und väterlicherseits)
4. $8 = 2^3$ = Urgroßeltern
5. $16 = 2^4$ = Ururgroßeltern
6. $32 = 2^5$ (die Zahl der Väter und Mütter Ihrer Ururgroßeltern)
7. $64 = 2^6$
8. $128 = 2^7$
9. $256 = 2^8$
10. $512 = 2^9$
11. $1.024 = 2^{10}$

Nehmen wir an, dass es (im Durchschnitt) 25 Jahre dauerte, bis jede Generation sich fortpflanzte. Für *zehn* Generationen mussten also ungefähr 250 Jahre vergehen. Das bedeutet, dass vor ungefähr 250 Jahren jeder von uns mehr als tausend (1.024, um genau zu sein) Vorfahren hatte bzw. Personen, die irgendwann einmal mit uns verwandt sein sollten.

Das heißt: Im Augenblick sind wir in etwa sechs Milliarden Menschen (tatsächlich ungefähr 6,3 Milliarden). Wenn es so wäre, dass jede Person vor 250 Jahren mehr als tausend Vorfahren hatte, muss die Bevölkerung der Erde vor zweieinhalb Jahrhunderten mehr als sechs Billionen Personen betragen haben! (Eine Billion ist eine Million Millionen.)

Und das ist unmöglich, denn wenn man die vorhandene Literatur durchsieht, weisen die Daten darauf hin, dass die Erdbevölkerung um 1750 zwischen 600 und 900 Millionen Personen schwankte.

(vgl. *http://www.census.gov/ipc/www/worldhis.html*)

Das heißt, in irgendeinem Teil muss ein »Bruch« in der Argumentation sein.

Wo ist der Fehler?

Wo denken wir nicht richtig?

Es lohnt sich, über das Problem nachzudenken und die Antwort – vielleicht – im Lösungsteil im Anhang zu suchen.

Das Problem von Monty Hall[36)]

In einer Fernsehsendung lässt ein Moderator seinen Gast um den ersten Preis kämpfen: ein nagelneues Auto. Auf dem Podium sind drei geschlossene Tore. Hinter zweien dieser Tore befindet sich ein Foto von einer Ziege. Hinter dem dritten ist eine Abbildung des Fahrzeugs. Der Teilnehmer muss eines der drei Tore wählen. Und wenn er das richtige wählt, darf er das Auto behalten.

Soweit wäre das nicht besonders originell. Es würde sich um eine konventionelle Sendung mit Fragen und Rätseln handeln, wie es so viele im Fernsehen gibt. Aber das Problem hat noch einen Zusatz. Sobald der Gast eines der drei Tore »wählt«, gibt der Moderator der Sendung – *der weiß*, hinter welchem sich der Gewinn befindet – vor, mit dem Teilnehmer zu kooperieren, und dafür »öffnet« er eines der Tore, hinter dem sich das Auto, *wie er weiß, nicht befindet*.

Dann gibt er ihm noch eine Chance. Was ist die beste Strategie? Das heißt, was nützt dem Teilnehmer am meisten? Bei dem Tor zu bleiben, das er vorher gewählt hatte? Das Tor zu wechseln? Oder ist es irrelevant, um die Gewinnwahrscheinlichkeit zu steigern?

An diesem Punkt schlage ich Ihnen vor, die Lektüre einen Moment zu unterbrechen und konzentriert darüber nachzudenken, was Sie tun würden. Und dann kehren Sie wieder zurück, um zu erhärten, ob das, was Sie

---

36 Dieses Problem tauchte vor einigen Jahren in den Vereinigten Staaten auf und rief vielfältige Diskussionen hervor. Das erste Mal hörte ich davon, als mir Alicia Dickenstein davon erzählte, nachdem sie im Oktober 2004 gerade von einem Kongress in Berkeley zurückgekehrt war.

dachten, richtig ist, oder ob es noch einige andere Dinge zu bedenken gäbe.

(Jetzt stelle ich mir vor, dass Sie gerade wieder zurück sind.)

Das Problem bietet eine Klippe, die der Intuition zuwiderläuft. Warum? Weil man in Versuchung gerät, Folgendes zu antworten: Welche Bedeutung soll es haben, ob man tauscht oder nicht tauscht, wenn nur zwei Tore bleiben? Man weiß, dass hinter einem der beiden das Auto ist, und auf jeden Fall beträgt die Wahrscheinlichkeit die Hälfte, dass es hinter dem einen oder dem anderen ist.

Aber ist das richtig? Denn ich bitte Sie wirklich, von der Lösung abgesehen (die ich im Lösungsteil aufschreiben werde) über Folgendes nachzudenken: Können wir ignorieren, dass das Problem *nicht mit der zweiten Frage begann*, sondern dass es zu Beginn *drei Tore gab und die Wahrscheinlichkeit, das richtige zu treffen, 3 zu 1 war*? Die Antwort finden Sie wie immer weiter hinten.

Gesunder Menschenverstand

Haben Sie schon einmal auf die »Gullideckel« geachtet, die auf den Straßen sind? Haben Sie gesehen, dass die Arbeiter sie manchmal anheben und hinabsteigen, um die Leitungen zu säubern? Warum ist es besser, dass sie rund sind und nicht quadratisch oder rechteckig? Die Antwort finden Sie auf der Lösungsseite.

Das Einstein-Rätsel

Einstein schrieb dieses Rätsel im vergangenen Jahrhundert nieder und behauptete, 98 % der Weltbevölkerung seien nicht in der Lage, es zu lösen. Ich glaube nicht, dass es schwierig ist. Es geht nur darum, Geduld und Interesse zu haben, um zur Lösung zu gelangen. Hier ist es.

Es gibt fünf Häuser mit je einer anderen Farbe. In jedem Haus wohnt eine Person einer anderen Nationalität. Jeder Hausbewohner bevorzugt ein bestimmtes Getränk, raucht eine bestimmte Zigarettenmarke und hält ein bestimmtes Haustier. Unter den fünf Personen trinkt niemand das gleiche Getränk, raucht niemand die gleichen Zigaretten und hält niemand das gleiche Haustier.

Die Frage ist: Wem gehört der Fisch?

Hinweise:

1. Der Brite lebt im roten Haus.
2. Der Schwede hält einen Hund.
3. Der Däne trinkt gerne Tee.
4. Das grüne Haus steht links vom weißen Haus.
5. Der Besitzer des grünen Hauses trinkt Kaffee.
6. Die Person, die Pall Mall raucht, hält einen Vogel.
7. Der Mann, der im mittleren Haus wohnt, trinkt Milch.
8. Der Besitzer des gelben Hauses raucht Dunhill.
9. Der Norweger wohnt im ersten Haus.
10. Der Marlboro-Raucher wohnt neben dem, der eine Katze hält.
11. Der Mann, der ein Pferd hält, wohnt neben dem, der Dunhill raucht.
12. Der Winfield-Raucher trinkt gerne Bier.

13. Der Norweger wohnt neben dem blauen Haus.
14. Der Deutsche raucht Rothmanns.
15. Der Marlboro-Raucher hat einen Nachbarn, der Wasser trinkt.

Das Kerzen-Problem

Folgendes Problem ist wieder eines zum Nachdenken. Und wie immer gibt es keine Falle. Man muss es nicht SOFORT lösen. Nehmen Sie sich eine Weile Zeit, um den Text zu lesen, und wenn Ihnen die Lösung nicht einfällt, verzweifeln Sie nicht. Etwas zum Nachdenken zu haben, ist eine Art des Genusses. Die Lösung findet sich im Anhang, aber ich schlage Ihnen vor, nicht sofort loszustürmen und sie zu lesen.

Auf jeden Fall gebührt das Verdienst Ileana Gigena, der Toningenieurin der Sendung *Científicos Industria Argentina* (dt. »Wissenschaftler, argentinische Industrie«). Eines Nachmittags, als sie hörte, wie ich Denkaufgaben vorschlug, die ich am Schluss einer Sendung stellte und in der nächsten auflöste, kam sie aus ihrer Kabine und sagte zu mir:

»Adrián, kennst du das Kerzen-Problem?«

»Nein«, antwortete ich ihr. »Wie geht es?«

Und sie gab mir folgendes Problem auf, das ich Ihnen jetzt mitteilen möchte:

Man hat zwei gleiche Kerzen, wobei jede genau eine Stunde brennt, bis sie erlischt. Wenn man fünfzehn Minuten messen soll und keinen Zeitmesser hat, was muss man tun, um die Informationen zu nutzen, die man über die Kerzen hat?

Sie erklärte außerdem, dass man sie nicht mit einem Messer abschneiden oder markieren könne. Man dürfe nur das Feuerzeug und die Informationen benutzen, die man über jede Kerze habe.

Hüte (Teil 1)

In einem Gefängnis (um ein wenig Aufregung und Dramatik in die Sache zu bringen) sind drei Gefangene, sagen wir A, B und C. Angenommen, die drei haben eine gute Führung gezeigt und der Direktor der Institution möchte sie mit der Freiheit belohnen.
Dafür stellt er ihnen folgende Aufgabe:

Wie Sie sehen, habe ich hier fünf Hüte (er zeigt sie ihnen). *Drei weiße und zwei schwarze. Ich werde drei davon auswählen (ohne dass Sie sehen können, welche ich genommen habe) und an Sie verteilen. Sobald jeder von Ihnen seinen Hut hat, werde ich Sie alle in ein Zimmer bringen, sodass jeder von Ihnen den Hut sehen kann, den die beiden anderen aufhaben, nicht aber den eigenen.*
Danach werde ich Sie einen nach dem anderen befragen. Jeder wird die Gelegenheit haben, mir zu sagen, welche Hutfarbe er hat, aber ohne zu raten oder zu pokern. *Jeder muss* seine Meinung belegen. *Wenn einer seine Meinung nicht rechtfertigen kann, muss er passen. Falls sich am Ende der Runde keiner von Ihnen geirrt und wenigstens einer der drei richtig geantwortet hat, schenke ich Ihnen die Freiheit.*
Außerdem versteht sich, dass keiner von Ihnen mit den anderen beiden reden, sich mittels Gesten verständigen

oder eine Strategie verabreden darf. Es geht darum, ehr-
lich zu antworten. Zum Beispiel: Wenn ich die schwarzen
Hüte auswählte, sie A und C gäbe und A fragte, welchen
Hut er hätte, könnte A, wenn er sähe, dass B einen weißen
Hut und C einen schwarzen hat, nicht entscheiden und
müsste passen. Wenn aber B sieht, dass sowohl A als auch
C einen schwarzen Hut haben und es insgesamt zwei die-
ser Farbe gab, kann er sich sicher sein, dass er einen wei-
ßen Hut hat, und könnte korrekt antworten.

Sobald die Regeln geklärt waren, brachte er die drei in
getrennte Zimmer und wählte (wie vorauszusehen war)
die *drei weißen Hüte.*
Dann bat er sie zusammen in ein Zimmer und fragte A:
»Welche Hutfarbe haben Sie?«
»Ich weiß es nicht, mein Herr«, sagte A, als er mit Sorge
sah, dass sowohl B als auch C weiße Hüte hatten.
»Also?«
»Also«, sagte A, »dann passe ich.«
»Gut. Und Sie?«, wandte sich der Direktor an B.
»Mein Herr, ich muss auch passen. Ich kann nicht wis-
sen, welche Hutfarbe ich habe.«
»Jetzt muss ich nur noch einen von Ihnen fragen: C. Wel-
che Hutfarbe haben Sie?«
C nahm sich Zeit, um nachzudenken. Er sah sich noch
einmal um. Dann schloss er einen Moment lang die Au-
gen. Um ihn herum machte sich Ungeduld bemerkbar.
Woran dachte C wohl? Die anderen beiden Gefangenen
konnten sich kaum noch ruhig halten. Von der Antwort
von C hing die Freiheit der drei ab.
Aber C überlegte weiter. Bis er irgendwann, als die At-
mosphäre schon zum Zerreißen gespannt war, sagte:

»Gut, mein Herr. Eins kann ich Ihnen auf jeden Fall sagen: Meine Hutfarbe ist weiß.«

Die anderen beiden Gefangenen begriffen nicht, wie er das gemacht hatte, aber er hatte es gesagt: Sie hatten es gehört. Jetzt musste er es nur noch erklären, um die Freiheit von allen zu gewährleisten. Beide hielten den Atem an, in Erwartung dessen, was noch vor einer Sekunde unmöglich erschien: dass C seine Antwort begründen könnte. Beide wussten, dass das, was er sagte, richtig war, aber er musste ... er musste es auch *erklären* können.

Und das tat C auch, und ich bitte Sie, darüber nachzudenken. Wenn Ihnen die Antwort nicht einfällt, können Sie sie im Schlussteil des Buches nachschlagen.

Hüte (Teil 2): Wie man eine Strategie verbessern kann

Man hat nun folgendes Problem, ebenfalls verbunden mit schwarzen und weißen Hüten:

Nehmen wir noch einmal an, dass in einem Gefängnis drei Gefangene sind: A, B und C. Der Direktor beschloss, sie wegen guter Führung zu belohnen. Aber er wollte auch das logische Denkvermögen der drei auf die Probe stellen. Und daher schlug er ihnen Folgendes vor. Er rief die drei zusammen in einen Raum und sagte:

»Wie Sie sehen, habe ich hier einen Stapel mit weißen und einen mit schwarzen Hüten«, wobei er mit dem Finger auf zwei senkrechte Stöße mit Hüten in diesen Farben zeigte.

»Ich werde für jeden einen Hut aussuchen. Ich werde sie Ihnen geben, ohne dass Sie die Farbe des Hutes, den Sie bekommen haben, sehen können. Die Farbe der anderen beiden werden Sie aber sehr wohl sehen. Wenn ich sie verteilt habe, werde ich Sie einen nach dem anderen fragen, welche Hutfarbe Sie haben. Und Sie werden entweder weiß oder schwarz wählen müssen. Sie können sich auch entscheiden, nicht zu antworten, das heißt, sie können passen. Jedenfalls darf keiner von Ihnen eine falsche Antwort abgeben, wenn Sie in die Freiheit entlassen werden wollen. Zwei von Ihnen können passen, der dritte aber muss sich entscheiden: weiß oder schwarz. Wenn auch nur einer sich irrt, bekommt keiner die Freiheit. Doch es genügt eine korrekte Antwort, damit Sie alle drei die Freiheit erlangen.
Ich werde Ihnen eine Strategie zeigen, um das Problem zu lösen. Es handelt sich um folgende: A und B passen, wenn sie befragt werden. C wählt irgendeine Möglichkeit. In der Hälfte aller Fälle wird er die richtige Antwort geben (50 %).«

Diese Strategie führt also in ca. 50 % der Fälle in die Freiheit. Die Frage ist: Gibt es eine Strategie, die die Chance noch verbessert?

Er sagte zu den Gefangenen: *»Sie können die Strategie planen, die Sie verfolgen wollen. Aber Sie dürfen ab dem Moment, in dem ich die Hüte verteile, nicht mehr miteinander sprechen.«*

Die Gefangenen schlossen sich in ein Zimmer ein und begannen nachzudenken. Und sie kamen zu einer Lösung. Die Antwort, wenn Sie nicht allein darauf kommen, ist im Lösungsteil zu finden.

Interplanetare Botschaft

Nehmen wir an, man müsste eine Botschaft in den Weltraum schicken, mit dem Ziel, dass sie von irgendeinem »intelligenten Wesen« gelesen würde.

Wie geht man vor, um etwas in *keiner* speziellen *Sprache*, aber explizit genug zu schreiben, damit jeder, der »logisch denken« kann, sie versteht? Und wenn das Hindernis des »Mediums« einmal überwunden ist, das heißt, wenn man ein System der Kommunikation ausgewählt hat, von dem man ausgeht, dass der andere es versteht: Was soll man ihm schreiben? Was ihm sagen?

Eine Botschaft mit diesen Hypothesen tauchte vor langer Zeit in einer japanischen Zeitung auf. Die Geschichte geht so (wie mir Alicia Dickenstein erzählte, eine sehr liebe Freundin von mir, eine Mathematikerin, der ich sehr viele Dinge verdanke, wovon diejenigen auf der Gefühlsebene am wichtigsten sind. Alicia ist eine außergewöhnliche Person und exzellente Expertin): Nach ihrer Rückkehr von einer Reise in den Orient berichtete mir Alicia, dass sie in der Zeitschrift *El Correo de la Unesco* vom Monat Januar 1966 auf Seite 7 folgenden Artikel gelesen habe (den ich die Freiheit habe hier wiederzugeben, da er seit sehr langer Zeit frei im Internet kursiert):

Im Jahr 1960 hörte Iván Bell, ein Englischlehrer in Tokio, vom ›Projekt Ozma‹, einem Plan, Botschaften zu emp-

fangen, die uns per Radio aus dem All erreichen könn-
ten. Bell verfasste also eine interplanetare Botschaft aus
24 Symbolen, die die japanische Zeitung Japan Times
(die die japanische Ausgabe des Correo de la Unesco
druckt) in ihrer Ausgabe vom 22. Januar 1960 veröffent-
lichte, wobei sie ihre Leser dazu aufforderte, die Nach-
richt zu dechiffrieren.
Die Zeitung bekam vier Antworten, darunter eine von ei-
ner nordamerikanischen Leserin, die ihre Antwort im sel-
ben Code schrieb und hinzufügte, sie lebe auf dem Jupiter.

Was ich hier vorschlage: Ich schreibe die *Botschaft von*
Iván Bell nieder, die, wie es im ursprünglichen Artikel
heißt, »außergewöhnlich leicht zu dechiffrieren ist und
viel simpler, als es auf den ersten Blick erscheint«. Außerdem möchte ich hinzufügen, dass sie ein Zeitvertreib
und eine Übung für den Geist ist. Sie ist ein Beispiel
zum Genießen und originell in Hinblick darauf, was der
menschliche Intellekt – jeglicher Rasse, Religion oder
Sprache – vermag. Man muss nur den *Willen haben zu*
denken.

1. A.B.C.D.E.F.G.H.I.J.K.L.M.N.O.P.Q.R.S.T.U.V.W.X.Y.Z

2. AA, B; AAA, C; AAAA, D; AAAAA, E; AAAAAA, F;
   AAAAAAA, G; AAAAAAAA, H; AAAAAAAAA, I;
   AAAAAAAAAA, J.

3. AKALB; AKAKALC; AKAKAKALD, AKALB; BKALC;
   CKALD; DKALE, BKELG; GLEKB, FKDLJ; JLFKD.

4. CMALB; DMALC; IMGLB.

5. CKNLC; HKNLH, DMDLN; EMELN.

6. JLAN; JKALAA; JKBLAB; AAKALAB, JKJLBN;
   JKJKJLCN, FNKGLFG.

7. BPCLF; EPBLJ; FPJLFN.
8. FQBLC; JQBLE; FNQFLJ.
9. CRBLI; BRELCB.
10. JPJLJRBLSLANN; JPJPJLJRCLTLANNN, JPSLT; JPTLJRD.
11. AQJLU; UQJLAQSLV.
12. ULWA; UPBLWB; AWDMALWDLDPU, VLWNA; VPCLWNC. VQJLWNNA; VQSLWNNNA, JPEWFGHLEFWGH; SPEWFGHLEFGWH.
13. GIWIHYHN; TKCYT, ZYCWADAF.
14. DPZPWNNIBRCQC.

Ich bitte Sie, über die Lösung nachzudenken.

Die fehlende Zahl

In den Intelligenztests (die den IQ, den *Intelligenzquotienten*, messen) werden oft Probleme folgenden Typs präsentiert:
Man bekommt eine Zahlentabelle vorgelegt, in der eine Zahl *fehlt*. Können Sie sagen, welche Zahl fehlt, und erklären, warum?

54	(117)	36
72	(154)	28
39	(513)	42
18	(?)	71

Es geht nicht nur darum, dass Sie sagen können, welche Ziffer an Stelle des Fragezeichens stehen müsste, sondern auch, Ihre Fähigkeit zur Analyse zu messen, um eine *Gesetzmäßigkeit* abzuleiten. Das heißt, es gibt ein Muster, das der Entstehung dieser Zahlen zugrunde liegt, und man will, dass Sie es entdecken.

Die Antwort finden Sie wieder auf der Seite mit den Lösungen.

Wie oft pro Woche man gerne auswärts essen würde

Man stellt seinem Gesprächspartner die Frage: Wie oft würdest du gerne pro Woche auswärts essen? Er soll sich diese Zahl denken und *sie nicht verraten*. Und diese Zahl werden wir versuchen herauszufinden.

Wie werden hier unten in zwei Spalten eine allgemeine Antwort geben (dargestellt durch den Buchstaben *v*, der anzeigt, wie oft diese Person gerne auswärts essen würde) sowie ein Beispiel, sagen wir die Zahl 3.

$$3 \qquad\qquad v$$

Dann sagen wir ihr, dass sie die Zahl, die sie uns gegeben hat, mit zwei multiplizieren soll.

$$6 \qquad\qquad 2v$$

Danach fordern wir sie auf, die Zahl 5 dazuzuzählen.

$$11 \qquad\qquad (2v + 5)$$

Wir bitten sie, nun mit 50 zu multiplizieren.

$$550 \qquad\qquad 50 (2v + 5) = 100v + 250$$

Wenn ihr Geburtstag schon vorbei ist (im Jahr 2005), zählt man 1.755 dazu

2.305   100v + 2.005

Wenn ihr Geburtstag *noch nicht vorbei* ist (im Jahr 2005), zählt man 1.754 dazu

2.304   100v + 2004

Jetzt bittet man sie, ihr Geburtsjahr abzuziehen (sagen wir, die Person ist 1949 geboren). Im ersten Fall (der Geburtstag ist schon vorbei) hat man

(2.305 − 1.949) = 356   100v + 56

Im zweiten Fall

(2.304 − 1.949) = 355   100v + 55

Im ersten Fall erhält man 356. Man bittet also die Person, einem diese Zahl zu nennen, und dann sagt man ihr Folgendes: »Die Zahl, wie oft du gerne in der Woche auswärts essen würdest, ist 3, und dein Alter ist 56.«
Im zweiten Fall ist das Ergebnis 355. Man sagt zu seinem Gesprächspartner: »Die Zahl, wie oft du gerne in der Woche auswärts essen würdest, ist 3, und dein Alter ist 55.«
Das heißt, die Zahl 100v macht Folgendes: Sie multipliziert genau die Zahl *v* mit 100 und fügt ihr die Zahl 56 oder 55 hinzu. Es ist, als würde man die Zahl *v* vor den Geburtstag schreiben, daher bleibt:

v56 oder v55

Überlegungen und Kuriositäten

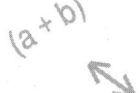

Alltagslogik

Es ist sehr verbreitet, dass man im alltäglichen Leben *Irrtümer in der logischen Interpretation* begeht. Sehen Sie sich mit mir folgende Beispiele an:

1. Nehmen wir an, dass sich in einem Aufzug ein Mann und zwei junge Frauen befinden. Plötzlich sagt der Mann zu der einen: »Sie sind sehr schön.« Muss sich die andere Frau *weniger schön* fühlen?
2. Wenn man in einem Restaurant ein Schild sieht, das besagt: »Samstags Rauchen verboten.« Kann man davon ausgehen, dass man an allen anderen Tagen, außer samstags, rauchen darf?
3. Letztes Beispiel, aber wieder nach demselben Muster: Wenn in einer Schule ein Lehrer sagt: »Montags gibt es eine Prüfung.« Heißt dies, dass an keinem anderen Tag eine Prüfung stattfindet?

Wenn man die drei Fälle analysiert, *schlussfolgert* man, dass die andere Frau *nicht so schön ist*. Und man tut dies, weil die Aussage »Sie sind sehr schön«, wenn eine andere Frau im Raum ist, (fälschlicherweise) dazu verleitet zu denken, dass die andere es nicht sei. Aber die Aussage hat als einzige Adressatin die erste Frau, *und über die andere wird nichts gesagt.*

Genauso besagt die Tatsache, dass auf dem Schild steht, dass »samstags Rauchen verboten ist«, nicht, dass es an Montagen gestattet ist. Auch nicht an Dienstagen. *Es wird nur gesagt, dass man samstags nicht rauchen darf.* Jede weitere Schlussfolgerung aufgrund dieses Satzes ist *nicht korrekt.*

Und wenn schließlich der Lehrer sagt, dass es »montags eine Prüfung gibt«, ist klar, dass er nicht sagt, dass er darauf verzichten wird, die Schüler an jedem anderen Tag zu prüfen.

Es sind nur Irrtümer in der Logik, die aufgrund von Sprachgewohnheiten entstehen.

Unterschied zwischen einem Mathematiker und einem Biologen

Dieses Beispiel soll einige Unterschiede zwischen Menschen illustrieren, die ein Studium an derselben Fakultät gewählt, aber unterschiedliche Interessen haben. Ich verspürte die Versuchung zu schreiben, dass es die (uns) Mathematiker ein wenig »dumm« dastehen lässt. Doch bin ich nicht so sicher, ob das tatsächlich der Fall ist. Ich überlasse das Urteil Ihnen.

Eine Person hat zwei Wissenschaftler vor sich: einen Mathematiker und einen Biologen. Das Ziel ist, beiden ein Problem zu stellen und jeweils zu sehen, wie die Antworten ausfallen. Sie zeigt den beiden die Gegenstände, die sie vor sich auf einem Tisch hat:

a) einen Kocher mit Petroleumtank
b) ein Gefäß mit Wasser
c) Streichhölzer
d) eine Tasse
e) einen Teebeutel
f) einen kleinen Löffel

Die erste Aufgabe besteht darin, einen Tee zuzubereiten. Der Biologe sagt: »Zuerst stelle ich das Gefäß mit Wasser auf den Kocher. Ich entzünde ein Streichholz und stelle den Kocher an. Ich warte, bis das Wasser kocht. Ich gebe den Teebeutel in die Tasse. Ich gieße das Wasser in die Tasse und rühre mit dem kleinen Löffel um, damit der Teebeutel das Wasser färbt.«

Der Mathematiker sagt (und hier ist kein Druckfehler): »Zuerst stelle ich das Gefäß mit Wasser auf den Kocher. Ich entzünde ein Streichholz und stelle damit den Kocher an. Ich warte, bis das Wasser kocht. Ich gebe den Teebeutel in die Tasse. Ich gieße das Wasser in die Tasse und rühre mit dem kleinen Löffel um, damit der Teebeutel das Wasser färbt.«

»Gut«, antwortet der Prüfer. »Jetzt stelle ich Ihnen eine andere Aufgabe: Nehmen wir an, ich gebe Ihnen das gekochte Wasser und bitte Sie, einen Tee zu machen. Was würden Sie tun?«

Der Biologe antwortet: »Nun, in diesem Fall lege ich den Teebeutel in die Tasse. Ich gieße das bereits gekochte Wasser in die Tasse und rühre mit dem kleinen Löffel um, damit der Teebeutel das Wasser färbt.«

Der Mathematiker sagt: »Ich nicht. Ich warte, bis das

Wasser kalt wird, und kehre dann zum vorherigen Fall zurück.«

Ich weiß, dass viele von Ihnen mit dem Biologen übereinstimmen werden (und Sie tun gut daran). Aber gleichzeitig bitte ich Sie darüber nachzudenken, dass der Mathematiker auch auf seine Weise Recht hat: Wenn er den komplizierteren Fall geklärt hat, den ersten, den man ihm vorgelegt hat, weiß er, dass er damit auch jede andere Fragestellung, die man ihm innerhalb dieses Zusammenhangs stellen kann, bereits gelöst hat. Und greift darauf zurück. Ist das Leben nicht auch so interessant?

Die Vier-Farben-Vermutung (oder der Vier-Farben-Satz)

Ich weiß, dass Sie keine Landkarte mehr ausmalen mussten, seit Sie die Grundschule verlassen haben. Und ich bin nicht einmal so sicher, ob sie es überhaupt jemals tun mussten. Tatsächlich glaube ich nicht, dass die Kinder von heute noch Landkarten »mit der Hand« ausmalen müssen, aber man kann nie wissen.

Die Sache ist die, dass es ein Theorem gibt, das die Mathematiker viele Jahre beschäftigte, ohne dass sie die Lösung fanden. Und es ging um Folgendes: Nehmen wir an, wir hätten eine Landkarte. Ja, eine Landkarte. Irgendeine Landkarte, die nicht einmal mit den realen Verhältnissen einer Region übereinstimmen muss.

Die Frage ist: Wie viele Farben braucht man, um sie auszumalen? Ja, ich weiß schon. Man hat unter seinen »Malfarben« oder im Computer sehr viele Farben. Wozu soll man sich fragen, wie viele verschiedene Farben notwendig sind, wenn man viel mehr verwenden kann, als man benötigt? Wozu soll es nützlich sein, das »Höchstmaß« zu berechnen? Wie dem auch sei, ich möchte Sie dennoch fragen: Was hat die Zahl Vier damit zu tun?

Die Vier-Farben-Vermutung kam auf folgende Weise auf: Francis Guthrie war ein Student an einer Londoner Universität. Einer seiner Lehrer war Augustus de Morgan. Francis legte seinem Bruder Frederick (der auch ein Student De Morgans gewesen war) eine Vermutung vor, die er bezüglich der Färbung von Karten hatte, und da er das Problem nicht lösen konnte, bat er seinen Bruder, den berühmten Professor zu konsultieren.

De Morgan, der auch keine Lösung fand, schrieb an Sir William Rowan Hamilton noch am selben Tag, an dem man ihm die Frage stellte, nämlich am 23. Oktober 1852, einen Brief nach Dublin:

»Ein Student bat mich, ihm einen Beweis für eine *Tatsache* zu liefern, von der ich nicht einmal *wusste, dass sie eine Tatsache ist, noch weiß ich es jetzt.* Der Student sagt: Wenn man irgendeine (ebene) Figur nimmt und sie in Abteilungen aufteilt, die in verschiedenen Farben koloriert sind, sodass zwei nebeneinanderliegende keine gemeinsame Farbe haben, dann sind *vier Farben* – so seine Behauptung – ausreichend.«

Hamilton antwortete ihm am 26. Oktober 1852 und sagte ihm, dass er nicht in der Lage sei, das Problem zu lösen. Daraufhin bat De Morgan die mathematische Gemeinde um Hilfe, aber niemand schien eine Lösung zu finden. Cayley zum Beispiel, einer der berühmtesten Mathematiker der Epoche, wusste um die Situation und stellte die Aufgabe am 13. Juni 1878 der London Mathematical Society und fragte, ob jemand die Vier-Farben-Vermutung gelöst habe.

Am 17. Juli 1879 verkündete Alfred Bray Kempe in der Zeitschrift *Nature*, dass er einen Beweis für die Vermutung habe. Kempe war ein Anwalt, der in London arbeitete und bei Cayley in Cambridge Mathematik studiert hatte.

Cayley schlug Kempe vor, sein Theorem an das *American Journal of Mathematics* zu schicken, wo es 1879 veröffentlicht wurde. Von diesem Moment an gewann Kempe ein außergewöhnlich großes Ansehen, und sein Beweis wurde ausgezeichnet, als er zum Mitglied der Königlichen Gesellschaft (Fellow of the Royal Society) ernannt wurde, in der er sehr viele Jahre als Schatzmeister tätig war. 1912 wurde er sogar zum »Ritter« geschlagen.

Kempe veröffentlichte zwei weitere Beweise des nunmehrigen Vier-Farben-Satzes mit Versionen, die die vorhergehenden Beweise verbesserten.

Jedoch fand 1890 Percy John Heawood Fehler in den Beweisen von Kempe. Nachdem Heawood gezeigt hatte, warum und wo sich Kempe geirrt hatte, bewies er, dass *man mit fünf Farben jegliche Landkarte kolorieren konnte*.

Kempe akzeptierte seinen Irrtum vor der London Mathematical Society und erklärte sich für unfähig, den Fehler in dem Beweis, in *seinem* Beweis, aufzuklären.

Noch im Jahr 1896 fand auch der berühmte Charles De la Vallée Poussin den Fehler in Kempes Beweisführung, offenbar ohne zu wissen, dass Heawood ihn bereits entdeckt hatte.

Heawood beschäftigte sich sechzig Jahre seines Lebens damit, Landkarten auszumalen und mögliche Vereinfachungen des Problems zu finden (die bekannteste davon besagt: Wenn die Zahl der Kanten um jede Region durch 3 teilbar ist, lässt sich die Landkarte mit vier Farben kolorieren), aber zum endgültigen Beweis konnte er nicht vordringen.

Das Problem blieb weiterhin offen. Viele Wissenschaftler weltweit beschäftigten sich einen guten Teil ihres Lebens erfolglos mit dem Beweis der Vermutung. Und es gab offensichtlich eine Menge Leute, die daran interessiert waren, das Gegenteil zu beweisen. Das heißt: eine Landkarte zu finden, die *man nicht mit vier Farben färben könnte.*

Unlängst im Jahr 1976 (ja, 1976) fand die Vermutung ihren Beweis und wurde wieder zum Vier-Farben-Satz. Er ging auf das Konto von Kenneth Appel und Wolfgang Haken, denen es mit dem *Aufkommen der Computer* gelang, das Ergebnis zu beweisen. Beide arbeiteten an der Universität von Illinois in Urbana, in dem Ort Champaign.

Um die Vermutung zu beweisen, arbeiteten sie mehr als 1.200 Stunden an den schnellsten Computern, die es zur damaligen Zeit gab. Der Vier-Farben-Satz ist einer der *ersten Fälle* in der Geschichte der Mathematik, bei dem der Computer einen so großen Einfluss hatte: Durch ihn konnte ein Ergebnis erreicht werden, das den Mathematikern mehr als ein Jahrhundert lang entgangen war.

Natürlich brachte der Beweis großes Unbehagen in die Welt der Mathematik, nicht, weil man dachte, dass das Ergebnis falsch sei (ganz im Gegenteil), sondern weil es der erste Fall war, bei dem (in einem gewissen Sinn) die Maschine dem Menschen überlegen war. Warum konnte man keinen besseren Beweis finden? Warum konnte man keinen Beweis finden, der nicht von einer externen Kraft abhing?

Die optimistischsten Berechnungen gehen nämlich davon aus, dass es *hunderttausend* Jahre (!) gedauert hätte, das Gleiche »per Hand« zu beweisen, und zwar bei einer Wochenarbeitszeit von 60 Stunden.

Der detaillierte Beweis wurde in zwei »papers« veröffentlicht, die 1977 erschienen.[37] Das Bemerkenswerte dabei war, dass es *den Menschen*, in diesem Fall zweien, gelang, das Problem auf *Fälle, viele Fälle*, zu reduzieren, die zu überprüfen vielleicht mehrere Leben gedauert hätte. Die Computer machten den Rest, aber ich möchte doch betonen, dass die Computer ohne die Menschen nicht gewusst hätten, was sie tun sollten (oder wozu).

Der Weihnachtsmann[38]

Da ich glaube, dass es heute noch Menschen gibt, die sich beim Weihnachtsmann darüber beschweren, nicht

---

37 Es gibt eine ganze Menge an Literatur zu diesem Thema, doch möchte ich Ihnen ein paar Lektüreempfehlungen geben:
1. *http://www-groups.dcs.st-and.ac.uk/~history/HistTopics/ The_four_colour_theorem.html*
2. *http://www.cs.uidaho.edu/~casey931/mega-math/gloss.math/4ct.html*
3. *Four Colours Suffice: How the Map Problem was Solved.* Buch von Robin Wilson, herausgegeben von der Penguin Group 2002.
4. *The Four-Color Problem* von Oystein Ore (Academic Press, Juni 1967)
5. *http://www.math-gatech.edu/~thomas/FC/fourcolor.html*
6. *http://www-gap.dcs.st-and.ac.uk/~history/HistTopics/ The_four_colour_theorem.html*

38 Dieser Text wurde mir von Hugo Scolnik geschickt, einem der wichtigsten Kryptografieexperten der Welt.

bekommen zu haben, was sie sich von ihm wünschten, bitte ich Sie, die Abenteuer, die der arme Weihnachtsmann jedes Jahr zu bestehen hat, aufmerksam mitzuverfolgen. Also:

Es gibt in etwa zwei Milliarden Kinder auf der Welt. Da der Weihnachtsmann jedoch weder muslimische noch jüdische noch buddhistische Kinder besucht, ist seine Arbeit am Weihnachtsabend auf 378 Millionen Besuche reduziert.

Bei einer Durchschnittsquote von 3,5 »Kindern« pro Familie entspricht das 108 Millionen Haushalten (wobei man annimmt, dass es pro Hausstand mindestens ein braves Kind gibt). Der Weihnachtsmann hat an Weihnachten ungefähr 31 Stunden, um seine Arbeit zuwege zu bringen, dank der verschiedenen Zeitzonen und der Erdrotation, wenn man annimmt, er reist von Ost nach West (was logisch erscheint). Das ergibt 968 Besuche pro Sekunde. Anders ausgedrückt, er hat ungefähr 1/1000 Sekunde für jedes christliche Haus mit einem braven Kind, um den Schlitten zu parken, abzusteigen, durch den Schornstein ins Haus zu gelangen, die Stiefel mit Geschenken zu füllen, die übrigen Geschenke unter dem Bäumchen zu verteilen, den Imbiss zu essen, den man ihm hingelegt hat, wieder durch den Schornstein zu steigen, sich auf den Schlitten zu schwingen ... und zum nächsten Haus zu fahren.

Wenn man annimmt, dass jede dieser 108 Millionen Haltestellen in gleichmäßigem Abstand zur nächsten liegt, sprechen wir von ca. 1248 Metern von Haustür zu Haustür. Dies entspricht einer Reise von insgesamt 121 Millionen Kilometern ... und zwar ohne Ruhe- und Pinkelpausen. Folglich bewegt sich der Schlitten des

Weihnachtsmanns mit einer Geschwindigkeit von 1.040 Kilometern pro Sekunde ... das heißt mit fast dreitausendfacher Schallgeschwindigkeit.

Stellen wir einen Vergleich an: Das schnellste vom Menschen je hergestellte Gefährt hat eine Maximalgeschwindigkeit von 44 km/s. Ein gewöhnliches Rentier kann (maximal) 24 km/h laufen oder, anders ausgedrückt, etwa einen siebentausendstel Kilometer pro Sekunde. Die Ladung des Schlittens fügt dem ein weiteres interessantes Element hinzu. Angenommen, dass sich jedes Kind nur ein mittelgroßes Spielzeug (sagen wir von einem Kilo) gewünscht hat, dann wäre der Schlitten mit mehr als 500.000 Tonnen beladen ... ohne den Weihnachtsmann mitzuzählen. Auf der Erde kann ein Rentier NICHT mehr als 150 kg tragen. Auch wenn man annähme, dass ein Rentier das Zehnfache der normalen Last transportieren könnte, könnte die Arbeit offensichtlich nicht von acht oder neun Rentieren erledigt werden. Der Weihnachtsmann bräuchte 360.000 von ihnen, was dem Gewicht weitere 54.000 Tonnen hinzufügt ... ohne das Gewicht des Schlittens zu zählen.

Und Spaß beiseite, 600.000 Tonnen, die sich mit 1.040 km/s bewegen, unterliegen einem enormen Luftwiderstand, was die Rentiere genauso erwärmen würde wie die Hülle eines Raumschiffs beim Eintritt in die Erdatmosphäre. Zum Beispiel würden die beiden vorderen Rentiere je 14,3 Quintillionen Joule Energie pro Sekunde absorbieren ... weshalb sie fast augenblicklich verglühen würden, wobei sie die folgenden Rentiere einer Gefahr aussetzen und einen ohrenbetäubenden Überschallknall erzeugen würden. Alle Rentiere würden in etwas mehr als vier Millisekunden verdampfen ... nämlich, wenn der

Weihnachtsmann im Begriff ist, seinen fünften Besuch zu machen.

Wenn das Vorhergehende keine Rolle spielte, müsste man das Ergebnis der Abbremsung von 1.040 km/s berücksichtigen. In 0,001 Sekunden wäre der Weihnachtsmann mit einem angenommenen Gewicht von 150 kg einer Trägheit von 2.315.000 kg ausgesetzt, die augenblicklich seine Knochen zerbrechen und alle seine Organe zerreißen würde, was den armen Weihnachtsmann auf eine formlose wässrige und glibberige Masse reduzieren würde.

Wenn die Leute trotz all dieser Informationen noch böse sind, dass der Weihnachtsmann ihnen nicht das gebracht hat, was sie sich dieses Jahr gewünscht haben, dann sind sie furchtbar ungerecht und rücksichtslos.

Wie man einen rechten Winkel konstruiert

An diesem Punkt kann jeder (jeder?) den Lehrsatz des Pythagoras *aufsagen*: »In einem rechtwinkligen Dreieck ist das Quadrat über der Hypotenuse gleich der Summe der Quadrate über den Katheten.« Also: Der Satz spricht über die Beziehung, die zwischen der Hypotenuse und den Katheten *in einem rechtwinkligen Dreieck* herrscht. Man nimmt also an, dass das Dreieck, das man uns gegeben hat, *rechtwinklig* ist.

Was würde jedoch im umgekehrten Fall geschehen? Das heißt, wenn ein Mann mit einem Dreieck kommt und sagt:

»Sehen Sie. Ich habe eben die Hypotenuse und die Katheten dieses Dreiecks gemessen, und wenn ich die Quadrate der Katheten addiere, ergibt dies die gleiche Zahl wie das Quadrat der Hypotenuse.«

Die Frage ist also: Ist das Dreieck dieses Herrn rechtwinklig? Der Satz des Pythagoras sagt darüber nichts. *Der Satz hat eine Aussagekraft, wenn man weiß, dass man ein rechtwinkliges Dreieck vorliegen hat.* Aber in diesem Fall sagt er nichts. Man kann den Satz nicht anwenden.

Auf jeden Fall muss man sich fragen, ob es wahr ist, dass der Herr vom vorhergehenden Absatz ein rechtwinkliges Dreieck hatte, ohne dass er es wusste. *Und die Antwort lautet Ja. Jedes Mal, wenn man bei einem Dreieck diese Beziehung zwischen den drei Katheten beobachtet, dann muss das Dreieck rechtwinklig sein* (auch wenn ich den Beweis hier nicht niederschreibe, ist dies eine gute Denkübung). Das Interessante daran ist, dass man mit diesem Ergebnis, das die *Umkehrung* des Satzes des Pythagoras bedeutet, *rechtwinklige Dreiecke konstruieren kann.*

Wie geht das? Gut. Nehmen Sie eine Schnur von 12 Metern Länge (oder 12 Zentimetern, aber ich glaube, es ist besser, wenn Sie dies mit einem Faden machen, der leichter zu handhaben ist). Sie wissen: $3^2 + 4^2 = 5^2$.

Diese Beziehung besagt also, dass ein Dreieck mit *Seiten von jeweils 3, 4 und 5 Metern Länge*, in Übereinstimmung mit dem, was wir soeben gesehen haben, *rechtwinklig sein muss.* Dann bitte ich Sie, Folgendes zu tun. Legen Sie die Schnur auf den Boden. Eines der Enden befestigen Sie mit Hilfe eines Buches oder Stuhlbeins. Spannen Sie nun die Schnur an. Wenn Sie bei drei Metern angekommen sind, legen Sie einen weiteren Gegenstand darauf, der die Schnur auf diesem Punkt festhält, und Sie drehen sich und gehen in eine andere Richtung, bis Sie *vier Meter mit der Schnur* zurückgelegt haben. Hier legen

Sie wieder etwas zum Befestigen darauf und wenden sich um, jetzt aber in die Richtung, in der Sie das andere Ende der Schnur abgelegt haben. Wenn Sie das zweite Ende mit dem ersten zusammenbringen und die Entfernungen einhalten (jeweils drei, vier und fünf Meter), *muss* das Dreieck, das sich gebildet hat, *rechtwinklig sein*. Tatsächlich konstruierten die Griechen auf diese Weise die rechten Winkel. Und das tun auch die Leute auf dem Land, die, ohne den Satz zu kennen oder ein Winkelmaß zu haben, ihr Territorium abgrenzen, indem sie auf diese Weise rechte Winkel bilden.

Alphabete des 21. Jahrhunderts

Mitte des 20. Jahrhunderts wurde eine Person als *alphabetisiert* definiert, wenn sie lesen und schreiben konnte. Heute, in den ersten Jahren des 21. Jahrhunderts, glaube ich, dass diese Definition eindeutig unvollständig ist. Natürlich weiß ich, dass es elementare Voraussetzungen sind, lesen und schreiben zu können, aber heute weist ein Kind, das keine digitale Kultur besitzt und keine Fremdsprache spricht (sagen wir Englisch oder Chinesisch, wenn Sie dies vorziehen), klare Defizite auf.

Vor kurzem erzählte mir Eric Perle, einer der Kapitäne der Luftfahrtgesellschaft United, der die modernsten Flugzeuge der Welt lenkt, Typ Boeing 777, dass die Gespräche zwischen dem Kontrollturm auf dem Flughafen Charles de Gaulle in Paris und den Cockpits der verschiedenen Flugzeuge, die sich im Pariser Luftraum bewegen, auf Englisch geführt werden, ganz gleich, ob es sich um ein Flugzeug der Air France oder das einer anderen Fluggesellschaft handelt. Und dabei geht es überhaupt nicht darum, eine andere Sprache herabzusetzen. Es geht darum, eine Sprache als »Norm« zu akzeptieren, sodass alle Leute in einem bestimmten Gebiet verstehen, was gesprochen wird, zumal die Mitteilungen von *allen* gehört werden.

Ich erwähne das, weil ich immer wieder höre, dass es einen starken Widerstand gegen das Englische als Universalsprache gibt, als ob dies zu Schaden anderer ginge (Spanisch, Französisch oder Chinesisch: In unserem Fall kommt es auf das Gleiche heraus). Ich versuche hier nicht, eine Position zu verteidigen, sondern lediglich eine Realität zu akzeptieren: *Solange die Welt sich nicht darauf einigt, eine einzige Sprache zu sprechen, die es erlaubt, dass alle alle verstehen, ist die einzige Sprache, die dies heute im Luftraum garantiert, das Englische.*

Natürlich muss es das Ziel sein, Bildung für alle zu gewährleisten, nicht nur für einige wenige Privilegierte. Und es muss auch Ziel sein, Bildung kostenlos und für alle zugänglich zu machen.

Chirurgen und Lehrer im 21. Jahrhundert

Eine interessante Geschichte zum Nachdenken: Nehmen wir an, ein Chirurg, der um 1920 verstarb, wachte heute auf und würde in einen Operationssaal eines modernen Krankenhauses versetzt (wo Personen mit großer Kaufkraft für ihre Gesundheitsfürsorge Zugang haben; die Ungerechtigkeit, die dadurch entsteht, geht über das Ziel dieses Buches hinaus, ich möchte sie aber dennoch nicht ignorieren).

Ich komme zum Operationssaal zurück. Nehmen wir an, auf dem Operationstisch liegt ein Mensch in Narkose, der mit Hilfe der modernsten heutigen Technologie operiert wird.

Was würde der besagte Chirurg tun? Welche Gefühle hätte er? Natürlich hat sich der menschliche Körper nicht verändert. Auf diesem Gebiet gäbe es kein Problem. Das Problem hätte er mit den »chirurgischen Techniken«, den »Apparaten«, die sie umgeben, »dem Instrumentarium« und den »Testreihen«, die dem Ärztekollegium im Saal zur Verfügung stünden. *Dies wäre in der Tat ein Unterschied.* Vermutlich würde der alte Chirurg das, was er sähe, »bestaunen« und hätte völlig »den Anschluss verloren«. Man würde ihm das Problem des Patienten erklären, und er würde es sicher verstehen. Er hätte keine Schwierigkeiten damit, die Diagnose nachzuvollziehen (zumindest im Großteil der Fälle). Die Operation als solche aber wäre für ihn völlig unerreichbar und unzugänglich.

Jetzt wollen wir den Beruf wechseln. Nehmen wir an, dass wir statt eines Chirurgen, der im ersten Viertel des 20. Jahrhunderts lebte und starb, einen Lehrer dieser Zeit wiedererweckten. Und wir bringen ihn *nicht* in einen Operationssaal, sondern auf das Operationsfeld eines Lehrers: einen Raum, in dem Unterricht gegeben wird. In eine Schule. Hätte er Verständnisprobleme? Würde er verstehen, worüber gesprochen wird? Würde er die Schwierigkeiten verstehen, die die Schüler an den Tag legen? (Ich beziehe mich nicht auf die Störungen im Verhalten, sondern die Probleme, die dem eigentlichen Verständnis anhaften.)

Möglicherweise ist die Antwort Ja, ein Lehrer aus diesen anderen Zeiten hätte keine Verständnisprobleme und könnte sogar, wenn das Thema vor einem Jahrhundert seine Spezialität war, zur Tafel gehen, die Kreide nehmen und fast ohne Schwierigkeiten mit dem Unterricht fortfahren.

→ **Fazit:** Die Technologie hat die Herangehensweise bei gewissen Disziplinen stark verändert, aber ich bin mir nicht sicher, ob sich das auch bei den Methoden und Programmen der Erziehung abgespielt hat. Mein Zweifel ist: Wenn wir uns *entscheiden,* nichts zu verändern, gibt es kein Problem. Wenn wir es so einschätzen, dass das, was man seit einem Jahrhundert tut, das ist, was *wir heute tun wollen*, gibt es nichts zu kritisieren. Aber wenn das, was wir heute tun, das Gleiche ist wie vor einem Jahrhundert, weil wir es wenig überholen oder es noch weniger untereinander abstimmen, dann stimmt etwas nicht. Und es lohnt sich, darüber zu diskutieren.

Über Affen und Bananen[39)]

Nehmen wir an, wir hätten sechs Affen in einem Raum. Von der Zimmerdecke hängt eine Bananenstaude. Genau unter ihr befindet sich eine Leiter (wie sie Maler

39 Als meine Nichte Lorena ihr Studium der Biologie an der Universität von Buenos Aires noch nicht abgeschlossen hatte und noch nicht mit Ignacio, ebenfalls Biologe, verheiratet war, erzählte sie mir diese Geschichte schon. Aber sie hat mich immer beeindruckt wegen allem, was sie in Hinblick auf die Erklärung menschlichen Verhaltens impliziert. Die Quelle ist *De banaan wordt bespreekbaar* von Tom Pauka und Rein Zunderdorp (Nijgh en van Ditmar, 1988).
http://totse.com/en/technology/science_technology/dumbapes.html

oder Schreiner benutzen). Es dauert nicht lange, bis einer der Affen auf die Leiter zu den Bananen steigt.

Und hier beginnt das Experiment: Im selben Moment, in dem er die Leiter berührt, werden *alle* Affen mit *eiskaltem* Wasser bespritzt. Natürlich hält dies den Affen auf. Nach einem Augenblick macht derselbe Affe oder einer der anderen einen weiteren Versuch mit demselben Ergebnis: Alle Affen werden mit kaltem Wasser bespritzt, sobald einer von ihnen die Leiter berührt. Wenn sich dieser Ablauf noch ein paar Mal wiederholt, sind die Affen gewarnt. Sobald einer von ihnen es versuchen will, versuchen die anderen, es zu verhindern, sogar mit Prügeln, wenn es notwendig ist.

Wenn wir dieses Stadium erreicht haben, nehmen wir einen der Affen aus dem Raum und ersetzen ihn durch einen neuen (der natürlich bis jetzt noch nicht an dem Experiment teilgenommen hat). Der neue Affe sieht die Bananen und versucht sofort, die Leiter zu besteigen. Zu seinem Entsetzen greifen ihn *alle* Affen an und hindern ihn daran.

Nach ein paar weiteren Versuchen hat der neue Affe gelernt: wenn er die Leiter hinaufzuklettern versucht, werden sie ihn erbarmungslos prügeln.

Dann wiederholt sich das Verfahren: Man nimmt einen zweiten Affen heraus und wieder einen neuen herein. Der Neuankömmling geht zur Leiter, und der Ablauf wiederholt sich: Sobald er die Leiter berührt, wird er massiv angegriffen. Nicht nur das: Der Affe, der gerade vor ihm hereingekommen war (der niemals das eisige Wasser erfahren hatte!) nahm an der Attacke mit großem Enthusiasmus teil.

Ein dritter Affe wird ersetzt, und sobald er versucht, die

Leiter zu besteigen, schlagen ihn die anderen fünf. Trotzdem haben *zwei* der Affen, die ihn prügeln, überhaupt keine Ahnung, *warum man nicht auf die Leiter steigen darf.* Es wird ein vierter Affe ersetzt, dann ein fünfter und schließlich ein sechster, der zu diesem Zeitpunkt der *einzige* ist, *der von der ursprünglichen Gruppe übrig war.* Wenn man diesen herausnimmt, bleibt keiner mehr, der die Episode des Eiswassers erfahren hat. Sobald jedoch der letzte ein paar Mal versucht, auf die Leiter zu steigen, und von den anderen fünf wütend verprügelt wird, bleibt die Regel etabliert: *Man darf nicht auf die Leiter steigen. Wer es versucht, setzt sich einer brutalen Unterdrückung aus.* Nur dass jetzt keiner der sechs Argumente hat, um eine solche Grausamkeit zu verteidigen.

Jegliche Ähnlichkeit mit der menschlichen Wirklichkeit *ist weder pure Koinzidenz noch Zufall. So sind wir eben: wie die Affen.*

Was ist Mathematik?

Die folgenden Überlegungen wurden durch ein Buch von Keith Devlin inspiriert (*Was ist Mathematik?* in: Das Mathe-Gen). Ich schlage vor, dass Sie den Text mit der größtmöglichen Flexibilität lesen. Und, wenn Sie können, lesen Sie ihn sorgfältig. Ich sage es noch einmal: Es handelt sich nicht um mein Eigentum (ganz und gar nicht). Es ist ein Durchlauf durch die Geschichte, den man meiner Meinung nach kennen sollte.

Wenn man heute jemanden auf der Straße anhalten und fragen würde: *Was ist Mathematik?,* würde er wahrscheinlich antworten – wenn er das Interesse aufbringt, etwas zu entgegnen –, dass *die Mathematik das Studium der Zahlen ist,* oder vielleicht, dass sie *die Wissenschaft der Zahlen ist.* Wahr ist, dass diese Definition vor ungefähr 2.500 Jahren Gültigkeit hatte. Das heißt, dass der Wissensstand, den der gemeine Bürger hinsichtlich einer der grundlegenden Wissenschaften hat, dem von vor 25 Jahrhunderten entspricht!! *Gibt es irgendein anderes derart schmerzliches Beispiel im täglichen Leben?*

In der Geschichte hat die Menschheit einen so weiten und so reichen Weg zurückgelegt, dass ich mich dazu berechtigt glaube, eine etwas aktuellere Antwort zu erwarten. Das Bild darüber, was die Mathematik ist, scheint sich in der populären Vorstellung im Laufe der Jahrhunderte nicht allzu sehr weiterentwickelt zu haben. Irgendetwas stimmt nicht. Die Kommunikationskanäle funktionieren nicht so, wie sie sollten. Macht es Sie nicht neugierig herauszufinden, was wir verpassen?

Es ist wahrscheinlich, dass die Mehrheit der Menschen bereit ist zu akzeptieren, dass die Mathematik wertvolle Beiträge zu den verschiedenen Aspekten des täglichen Lebens leistet, aber weder eine Vorstellung von ihrer Essenz hat noch von der Forschung, die derzeit in der Mathematik geleistet wird, geschweige denn von ihren Fortschritten und ihrer Expansion.

Damit es gelingt, etwas von ihrem Geist einzufangen, ist es vielleicht angebracht, in sehr groben Zügen und in Kurzform die ersten Schritte und die Entwicklung der Mathematik im Laufe der Zeit aufzufrischen.

Die Antwort auf die Frage *Was ist Mathematik?* hat im Verlauf der Geschichte sehr variiert. Bis vor ungefähr 500 vor Christus war die Mathematik – tatsächlich – das Studium der Zahlen. Ich spreche natürlich von der Zeit der ägyptischen und babylonischen Mathematiker, in deren Zivilisationen die Mathematik fast ausschließlich aus Arithmetik bestand. Sie ähnelte einem Kochbuch: Machen Sie dies und das mit einer Zahl, und Sie erhalten dieses Ergebnis. Es war wie Zutaten in einen Mixer zu geben und einen Shake zu machen. Die ägyptischen Schreiber benutzten die Mathematik für die Buchhaltung, während es in Babylonien die Astronomen waren, die sie nach ihren Bedürfnissen weiterentwickelten.

Während der Epoche, die von 500 vor Christus bis 300 nach Christus reicht, also ungefähr 800 Jahre, bewiesen die griechischen Mathematiker Engagement und Interesse für das Studium der Geometrie. So sehr, dass sie *an die Zahlen in geometrischer Form dachten.*

Für die Griechen waren die Zahlen Werkzeuge. Daher wurden ihnen die Zahlen der Babylonier »zu klein« … sie reichten ihnen nicht mehr. Sie hatten die natürlichen Zahlen (1, 2, 3, 4 usw.) und die ganzen (die die natürlichen Zahlen plus die Null und die negativen Zahlen beinhalten), aber sie waren nicht genug.

Die Babylonier kannten bereits die rationalen Zahlen, das heißt die Quotienten aus den ganzen Zahlen (1/2, 1/3, –7/8, 13/15, –7/3, 0, –12/13 usw.), die die Dezimalbruchentwicklung (5,67 oder 3,8479) und die periodischen Zahlen 0,4444… oder 0,191919… lieferten. Diese Zahlen erlaubten ihnen zum Beispiel Größen zu messen, die größer als fünf, aber kleiner als sechs sind. Aber auch so waren sie nicht ausreichend.

Einige Schulen wie die der »Pythagoräer« (die sich in mystischer Form versprachen, das Wissen nicht weiterzugeben), behaupteten, alles sei messbar, und daher wurden sie fast verrückt, als sie die Hypotenuse eines rechtwinkligen Dreiecks, dessen Katheten die Länge eins hatten, nicht »richtig messen« konnten. Das heißt, es gab Größen, für die die Zahlen der Griechen nicht passten oder denen sie nicht entsprachen. Damals »entdeckte« man die irrationalen Zahlen ... oder es blieb ihnen nichts anderes übrig, als ihre Existenz zu akzeptieren.

Das Interesse der Griechen für die Zahlen als Werkzeuge und ihre Betonung der Geometrie erhoben die Mathematik zum Studium der Zahlen *und auch der Formen*. Hier taucht etwas Neues auf. Hier beginnt die Expansion der Mathematik, die nicht mehr aufzuhalten sein wird.

Tatsächlich geschah es durch die Griechen, dass die Mathematik sich in ein Gebiet der Forschung verwandelte und nicht mehr nur eine reine Sammlung von Techniken zur Messung und Zählung war. Sie betrachteten sie als ein interessantes Objekt der intellektuellen Bildung, das ebenso ästhetische wie religiöse Elemente umfasste.

Und es war ein Grieche, Thales von Milet, der die Vorstellung einführte, dass die Aussagen, die man in der Mathematik machte, durch logische und formale Argumente bewiesen werden konnten. Diese Innovation im Denken markierte *den Beginn der Lehrsätze*, Säulen der Mathematik.

Sehr kurz zusammengefasst, könnten wir sagen, dass die neuartige Annäherung der Griechen an die Mathematik in der Publikation des berühmten Buches »Die Elemente« von Euklid kulminiert, in etwa der Text mit der größten Verbreitung auf der Welt nach der Bibel. Zu seiner Zeit war dieses Mathematikbuch so populär wie die Lehren Gottes. Und da die Bibel die Zahl π (Pi) nicht erklären konnte, »wies« sie ihr den Wert 3 »zu«.

Wenn wir mit diesem Bild der Geschichte fortfahren, ist es bemerkenswert, dass es nicht allzu viele Veränderungen in der Entwicklung der Mathematik bis Mitte des 17. Jahrhunderts gab, als gleichzeitig in England und in Deutschland Newton auf der einen Seite und Leibniz auf der anderen den sogenannten CALCULUS »erfanden«.

Der Calculus (die Infinitesimalrechnung) eröffnete eine ganze Welt neuer Möglichkeiten, da sie die Erforschung von Bewegung und Veränderung erlaubte. Bis dahin war die Mathematik eine starre und statische Sache gewesen. Mit ihnen erschien der Begriff des »Grenzwerts«: die Vorstellung oder das Konzept, dass man sich beliebig an etwas annähern kann, ohne es jedoch jemals zu erreichen. So »explodieren« die Differential- und die Infinitesimalrechnung usw.

Mit dem Aufkommen der Infinitesimalrechnung befreit sich die Mathematik, die dazu verdammt schien, zu rechnen, zu messen, Formen zu beschreiben, statische Objekte zu untersuchen, von ihren Fesseln und beginnt »sich zu bewegen«.

Und mit dieser *neuen Mathematik* waren die Wissenschaftler besser dazu in der Lage, die Bewegungen der Planeten, die Expansion der Gase, den Fluss der Flüssigkeiten, den Fall der Körper, die physikalischen Kräfte, den Magnetismus, die Elektrizität, das Wachstum der Pflanzen und Tiere, die Ausbreitung der Epidemien usw. zu studieren.

Nach Newton und Leibniz verwandelte sich die Mathematik in das Studium der Zahlen, der Formen, der Bewegung, der Veränderung und des Raumes.

Der größte Teil der ursprünglichen Arbeit, die die Infinitesimalrechnung einbezog, richtete sich auf die physikalische Forschung. Tatsächlich waren viele der großen Mathematiker der Epoche auch bemerkenswerte Physiker. In dieser Zeit gab es keine so scharfe Trennung zwischen den verschiedenen Disziplinen wie heute. Das Wissen war nicht so umfassend, und eine einzige Person konnte Künstler, Mathematiker, Physiker und anderes mehr sein, wie es unter anderem Leonardo da Vinci oder Michelangelo waren.

Ab der Hälfte des 18. Jahrhunderts begann das Interesse für die Mathematik als Studienobjekt. Mit anderen Worten, man fing nicht mehr nur wegen ihrer möglichen Anwendungen an, Mathematik zu studieren, sondern wegen der Herausforderungen, die die enormen durch die Infinitesimalrechnung eingeführten Möglichkeiten erahnen ließen.

Gegen Ende des 19. Jahrhunderts hatte sich die Mathematik in das Studium der Zahl, der Form, der Bewegung, der Veränderung, des Raumes und auch der mathematischen Werkzeuge verwandelt, die man für diese Forschung benötigte.

Die Explosion der mathematischen Aktivität, die in diesem Jahrhundert stattfand, war beeindruckend. Um den Beginn des Jahres 1900 hätte das mathematische Wissen der ganzen Welt in eine 80-bändige Enzyklopädie gepasst. Stellten wir heute dieselbe Rechnung auf, sprächen wir von mehr als hunderttausend Bänden.

Die Entwicklung der Mathematik schließt zahlreiche neue Zweige mit ein. Irgendwann gab es zwölf Zweige, unter denen sich die Arithmetik, die Geometrie, die Infinitesimalrechnung usw. fanden. Nach dem, was wir »Explosion« nennen, kamen ungefähr 60 oder 70 Kategorien auf, in die sich die verschiedenen Gebiete der

Mathematik aufteilen lassen. Mehr noch: Einige – wie die Algebra oder die Topologie – haben sich in vielfältige Unterzweige aufgegliedert.

Auf der anderen Seite gibt es vollkommen neue Forschungsobjekte neueren Erscheinungsdatums, wie die Komplexitätstheorie oder die Theorie der dynamischen Systeme.

Aufgrund dieses gewaltigen Wachstums der mathematischen Aktivität könnte man als Reduktionist getadelt werden, wenn man auf die Frage »Was ist Mathematik?« antworten würde: »Mathematik ist das, was die Mathematiker tun, um ihren Lebensunterhalt zu verdienen.«

Erst vor ungefähr zwanzig Jahren entstand der Vorschlag einer Definition der Mathematik, der einen ziemlich breiten Konsens unter den Mathematikern fand – und noch findet: *»Die Mathematik ist die Wissenschaft der ›patterns‹«* (oder *Muster*).

Im Allgemeinen kann man sagen, dass der Mathematiker nichts anderes macht, als abstrakte »patterns« zu untersuchen. Das heißt, Besonderheiten zu suchen, Dinge, die sich wiederholen, nummerische Muster in Form, Bewegung, Verhalten usw. Diese »patterns« können ebenso real wie imaginär sein, visuell oder mental, statisch oder dynamisch, qualitativ oder quantitativ, rein utilitaristisch oder nicht. Sie können aus der Welt auftauchen, die uns umgibt, aus den Tiefen des Raumes und der Zeit oder aus den internen Diskussionen des Geistes.

Wie man sieht, ist es zu diesem Zeitpunkt des 21. Jahrhunderts zumindest ein ernst zu nehmendes Informationsproblem, die Frage *Was ist Mathematik?* mit einem simplen »Sie ist das Studium der Zahlen« zu beantworten. Die größere Verantwortung dafür haben nicht diejenigen, die dies denken, sondern wir, die wir auf dieser anderen Seite bleiben und etwas genießen, das wir nicht zu teilen vermögen.

Universität Cambridge

Lesen Sie diese Botschaft:

Ncah einer Sutide einer egnlichsen Uivernstiät ist die Riheenolfge, in der die Bhcubstaen gbieehcsrn snid, nhcit withicg, das ezniig wchtgie ist, dsas der estre und der lttzee Bstacuhbe an der rgihctien Slelte sheten. Der Rset knan toatl vrekerht sein und toertzdm knan man es onhe Plrbomee lseen. Das ist der Flal, weil wir nhcit jdeen Bstacuhben für scih lseen, snodren das Wrot als gnzaes. Mir pönrlesich ehesrcint deis uubcgnliah …

Man könnte jetzt annehmen, dass das nur auf Deutsch so ist, doch der folgende Absatz zeigt etwas anderes:

Aoccdrnig to a rscheearch at Cmabrigde Uinervtisy, it deosn't mttaer in waht oredr the ltteers in a wrod are, the olny iprmoatnt tihng is taht the frist and lsat ltteer be at the rghit pclae. The rset can be a total mses and you can sitll raed it wouthit porbelm. Tihs is bcuseae the huamn mnid deos not raed ervey lteter by istlef, but the wrod as a wlohe. Amzanig huh?

Meine Verarbeitungskapazität ist hier völlig überfordert. Wie funktioniert das Gehirn? Wie viel liest man wirklich wörtlich, und wie sehr antizipiert man, was es heißen müsste?

Ich erinnere mich an eine Anekdote mit einer Gruppe von Freunden, die vielleicht ebenfalls als Beispiel dient, dass man in Wahrheit auch das, was einem gesagt wird, nicht in seiner Gesamtheit hört, sondern in seiner Fantasie »das, was da kommen wird, vervollständigt«. Und das kann natürlich eine Menge Probleme mit sich bringen.

Um das Jahr 2001 waren wir, eine Gruppe von Freunden, in der Taverne von David (eine italienische Taverne im Herzen von Buenos Aires), wobei es unvermeidlich war, dass wir auf das Thema Fußball zu sprechen kamen, zumal Carlos Griguol, Víctor Marchesini, Carlos Aimar, Luis Bonini, Miguel »Tití« Fernández, Fernando Pacini, Javier Castrilli und der Inhaber der Taverne selbst, Antonio Laregina, mit am Tisch saßen.

Irgendwann stand Tití auf, um auf die Toilette zu gehen. Als er außer Hörweite war, sagte ich zu den anderen, dass sie dem Dialog, den wir mit Tití führen würden, sobald er an den Tisch zurückkäme, aufmerksam zuhören sollten, denn ich wollte allen (und mir selbst) beweisen, was ich zuvor geschrieben hatte: Man hört nicht immer alles. In jedem Fall erahnt man, was der andere sagen wird, schaltet den Geist auf Fernbedienung und zieht sich zurück, um darüber nachzudenken, wie man weitermacht, oder über etwas anderes.

Als Tití zum Tisch zurückkam, fragte ich ihn:

»Sag mal, hast du zu Hause nicht noch die Reportage, die wir über Menotti gemacht haben, damals, in der Zeit von *Sport 80*?«[40]

---

40 Dies muss ungefähr fünfundzwanzig Jahre vor dem Dialog gewesen sein.

»Ja«, antwortete Tití. »Ich glaube, ich habe noch einige Kassetten bei mir zu Hause ...« (Und er dachte darüber nach.)

»Tu mir einen Gefallen«, sagte ich zu ihm. »Warum bringst du sie mir nicht in der nächsten Woche mit? *Ich höre sie mir an, lösche sie und gebe sie dir nie mehr wieder.*«

»Ist gut, Adrián«, sagte er ohne größere Bestürzung. »Aber mach mir keinen Druck. Ich weiß, dass ich sie habe, aber ich erinnere mich nicht genau, wo. Sobald ich sie finde, bringe ich sie dir mit.«

➜ **Fazit:** Angesichts des allgemeinen Gelächters verstand Tití immer noch nicht, was geschehen war. Er war in Wirklichkeit nur ein »Versuchskaninchen« für das Experiment gewesen. Ich glaube, dass wir uns oft nicht darauf konzentrieren zuzuhören, weil wir bereits »vermuten«, was der andere sagen wird. Das Gehirn benutzt diese Zeit, diesen »Augenblick«, um an etwas anderes zu denken, aber natürlich begeht es manchmal einen Irrtum.

Tastatur QWERTY

Die Schreibmaschine mit der Tastatur, die wir derzeit auf den Computern benutzen, erschien zum ersten Mal für den massenhaften Gebrauch im Jahr 1872. Aber tatsächlich erhielt der Ingenieur Christopher L. Sholes 1868 das erste nordamerikanische Patent für eine Schreibmaschine. Sholes war in Milwaukee geboren, einer Stadt im Staat Wisconsin nahe dem Michigansee, ungefähr 150 Kilometer nordwestlich von Chicago.

Als die ersten Maschinen auf dem Markt erschienen, bemerkte man einen Nachteil: Die Maschinenschreiber schrieben schneller, als es der Mechanismus erlaubte, sodass die Tasten irgendwann anfingen zu klemmen und es unmöglich machten, schnell zu tippen.

Daher nahm sich Sholes vor, eine Tastatur zu entwerfen, die die »Typisten« ein wenig »bremste«. Und so erschien das überaus bekannte *qwerty* auf der Bildfläche oder, anders gesagt, die Tastatur mit der so skurrilen Verteilung, die es noch heute gibt.

Wenn Sholes nur darauf aus gewesen wäre, die *Typisten* zu bremsen, hätte er vielleicht auch die Tasten, die die Buchstaben »A« und »S« aktivieren, an entgegengesetzten Stellen der Tastatur anbringen können. Tatsächlich wollte man, indem man Buchstaben*paare*, die oftmals *zusammen* erschienen, wie »sh«, »ck«, »th«, »pr« (natürlich immer im Englischen), an auseinander liegende Punkte setzte, vermeiden, dass sie sich »zusammenklumpten« und die Maschine »blockierte« oder sie den Mechanismus *blockierten*.

Im Jahr 1873 interessierten sich Remington & Sons, die bis dahin Gewehre und Nähmaschinen produziert hatten, für die Erfindung von Sholes und begannen massenhaft Schreibmaschinen mit »langsamer« Tastatur herzustellen.

Wie die exzellente Wissenschaftsjournalistin und studierte Biologin Carina Maguregui bemerkte, blieb den Maschinenschreibern nichts anderes übrig, als die neue Technik zu erlernen; die Schulen mussten damit unterrichten, und als Mark Twain sich eine Remington kaufte, war der »Knoten« für immer gelöst.

Unabhängig von den Versuchen, die seit über 80 Jahren

unternommen werden, konnte man die Tastatur nie mehr ändern. Und so geht es uns bis heute: genau wie vor 132 Jahren.

Die Ausnahme, die die Regel bestätigt

Eine wunderbare Sache, die die Gewohnheit bringt: Man gebraucht einen Satz, glaubt ihn, wiederholt ihn, hört ihn (wenn ein anderer ihn sagt), und daraufhin verwandelt er sich in so etwas wie eine Wahrheit, die keine Diskussion erlaubt.

Jedoch ist *die Ausnahme, die die Regel bestätigt*, ein Satz, der uns beunruhigen müsste. Zumindest ein bisschen. Und wir sollten uns diesbezüglich einige Fragen stellen:

Wie kann es sein, dass man eine Regel hat, die Ausnahmen besitzt?

Was heißt es dann, eine Regel zu haben?

Und was bedeutet es, dass eine Ausnahme ... *nicht weniger als* ... eine Regel *bestätigt*?

Wie Sie sehen, könnte es mit den Fragen so weitergehen, aber an dieser Stelle ist es mir wichtig, ein Logikproblem zu diskutieren. Und dann festzustellen, woher dieses semantische Problem kam.

Erste Beobachtung: Eine Regel sollte etwas sein, das in einem bestimmten Zusammenhang Gültigkeit hat. Es ist ein Prinzip, das eine »Wahrheit« etabliert. Es würde den Rahmen dieses Buches sprengen, zu diskutieren, wozu man Regeln braucht und wer bestimmt, was eine Regel »ist« oder »nicht ist«. Aber ich glaube, dass wir alle darin übereinstimmen, dass eine

Regel etwas ist, deren Gültigkeit man *akzeptiert* oder *beweist*.

Also: Was würde besagen, dass eine *Regel Ausnahmen beinhaltet*? Eine Ausnahme müsste etwas sein, das *die Regel nicht erfüllt (auch wenn sie es müsste)*. Aber die elementarste Logik zwingt einen, sich zu fragen: Wie kann ich wissen, ob dies oder jenes eine Ausnahme oder der Regel zu unterwerfen ist, wenn ich ein Objekt oder ein Beispiel habe, um sie anzuwenden?

Um es anhand eines Beispiels auszudrücken: Wenn man sagt *»Alle natürlichen Zahlen sind größer als sieben«* und beansprucht, dass dies eine Regel sei, *weiß man auch*, dass dies nicht *für alle möglichen Fälle* wahr ist. Mehr noch: Man kann eine Liste der Zahlen erstellen, *die die Regel nicht erfüllen*:

$$(1, 2, 3, 4, 5, 6, 7) \tag{*}$$

Diese sieben Zahlen *sind nicht größer als sieben*. Auf jeden Fall *sind sie Ausnahmen* der Regel. Und wenn man uns irgendeine Zahl geben würde, könnten wir feststellen, auch wenn wir sie nicht *sähen*, dass die Zahl größer ist als sieben, *außer es ist eine derjenigen, die in (*) erscheinen*.

Das Gute an dieser Regel ist, dass wir, wenngleich sie Ausnahmen hat, wissen, *welche die Ausnahmen sind, denn es gibt eine Liste dieser Ausnahmen*. Dann kann man seinen Frieden mit dieser Regel schließen, denn wenn man mir irgendeine Zahl gibt, stelle ich sie der *Liste* der Ausnahmen gegenüber, und wenn ich sie dort nicht finde, *habe ich die Gewissheit, dass sie größer als sieben ist*.

Niemandem würde es einfallen zu sagen, dass eine Zahl, die man mir gegeben hat, zum Beispiel die Vier – *die die Regel nicht erfüllt* –, die Ausnahme ist, die die Regel bestätigt.

Die Regeln erlauben Ausnahmen, natürlich. Aber dann muss es zusammen mit dem Text der Regel ein *Addendum* oder einen Anhang geben, wo die Ausnahmen aufgeschrieben sind. Dann muss das Objekt in der Tat entweder unter den Ausnahmen sein oder die Regel erfüllen, wenn jegliche Möglichkeit gegeben ist, ihm die Regel gegenüberzustellen.

Keinen Sinn hätte dagegen Folgendes:

»Man hat mir diese natürliche Zahl gegeben.«

»Pass auf, dann ist sie größer als sieben.«

»Nein, man hat mir die Vier gegeben.«

»Dann ist dies eine Ausnahme, die die Regel bestätigt.«

Dieses Gespräch würde als ein »verrückter« Dialog angesehen werden. Und das zu Recht.

Ein weiteres Beispiel könnte sein: »Alle Frauen heißen Alicia.« Das ist die Regel. Dann kommt eine Frau, und man braucht sie nicht zu fragen, wie sie heißt, weil die Regel besagt, dass *sie alle Alicia heißen*. Sie aber behauptet, ihr Name sei Carmen. Als wir ihr erzählen, dass eine Regel existiert, dass *alle Frauen Alicia heißen*, antwortet sie, sie sei eine Ausnahme, die *die Regel bestätige*. Natürlich würde auch dieser letzte Dialog als »verrückt« betrachtet werden.

Die Schlussfolgerung aus diesem ersten Teil ist, dass das Problem nicht darin besteht zu akzeptieren, dass eine Regel Ausnahmen haben kann, aber diese Ausnahmen müssen an derselben Stelle niedergelegt sein, an der die Regel erscheint.

Gehen wir einen Schritt weiter. Der lateinische Satz

exceptio probat regulam in casibus non exceptis

heißt übersetzt: »Die Ausnahme bestätigt, dass die Regel in nicht ausgeschlossenen Fällen gilt.« ... Und ich kann mit dieser Definition leben. Aber natürlich ist mir klar, dass es dann keinen Sinn machte, Regeln aufzustellen, denn in dem Moment, in dem wir eine anwendeten, wüssten wir nicht, ob wir sie in unserem Fall heranziehen können oder ob es sich um einen der ausgeschlossenen Fälle handelt.

Wenn man schließlich nach dem Ursprung dieses Problems forscht (das nicht nur im Deutschen oder Spanischen, sondern auch in anderen Sprachen wie im Englischen zu Hause ist, nur um ein Beispiel zu nennen), führt die Spur zurück ins antike Griechenland. Ein Mann (in dieser Epoche waren alle Wissenschaftler oder Weise, sodass das, was ich schreibe, niemanden erstaunen sollte) saß an seiner Haustür, mit einem Schild in der Hand, das besagte: »Ich habe eine Regel. Ich bin bereit, sie ›zu testen‹, ›sie auf die Probe zu stellen‹.« Mehr noch: Dieser Mann *forderte* denjenigen *heraus*, der *seine Regel* in Frage stellte, ihm irgendeine *potenzielle Ausnahme* zu nennen. Er war bereit, *den Feind zu bezwingen und ihm zu zeigen, dass es keine Ausnahmen gab. Dass die Regel »eine Regel war«.*

In der Folge behauptete ein anderer (der dort vorbeikam), dass er eine »Ausnahme« hätte, und forderte den anderen heraus. Wenn die »Ausnahme« bestehen blieb, nachdem die Regel getestet wurde, dann *gab es keine Regel*. Wenn hingegen nach Ablauf der Probe *die Regel weiterhin gültig blieb*, dann war die besagte Ausnahme ... keine Ausnahme.

Tatsächlich besteht das Problem darin, dass das Verb BESTÄTIGEN falsch übersetzt ist. Was man sagen wollte, ist, dass die besagte Ausnahme *die Regel auf die Probe stellte. Die Regel bestätigen* bedeutet, dass *die vermeintliche Ausnahme keine solche war.*

Wir haben im Laufe der Zeit in aller Naivität akzeptiert, dass eine Regel Ausnahmen haben kann (was an und für sich nicht schlecht wäre, vorausgesetzt, dass sie an irgendeiner Stelle »aufgelistet« sind), und stellen uns nicht die Frage nach der Gültigkeit des Anfangssatzes.

Fragen, die einem Mathematiker gestellt werden (da man keine Vorstellung davon hat, was er tut und warum er es tut)

Wie ich oben schon schrieb, antwortet die große Mehrheit der Leute auf die Frage »Was macht ein Mathematiker?« oder »Was ist Mathematik?«: Ist es die Wissenschaft der Zahlen? (Denn sie sind sich nicht sicher, ob das, was sie sagen, richtig oder falsch ist.)

Noch schlimmer: Es ist das einzige mir bekannte Beispiel, dass *die Eltern* der Kinder, die in die Schule gehen, die Tendenz haben, als logisch zu akzeptieren, dass ihre Kinder resigniert hinnehmen, dass sie »nichts von Mathematik« verstehen, da sie selbst Probleme damit hatten. Wie könnte man sie daher nicht verstehen? Aber nicht nur das: Ich kenne kein anderes Beispiel, dass die Leute *sich damit brüsten*, dass sie keine Ahnung haben. Als ob sie es auskosten würden, dass es so ist; als ob sie es genießen würden. Kennen Sie irgendein anderes Beispiel, dass jemand fast mit *Stolz* sagt: »Davon *verstehe ich nichts*«?

Sehen wir uns nun einige Fragen an, die man (uns) Mathematikern stellt:

- Was arbeitest du?
- Wofür braucht man das, was du tust?
- Wirst du dafür bezahlt, was du tust?
- 132 mal 1.525. Du bist doch in so was schnell … Wie viel macht das?
- Benutzt man die Logarithmen noch?
- Stimmt es, dass man jemandem gemäß der Reihenfolge der Buchstaben seines Namens die Zukunft vorhersagen kann?
- Welche Zahl kommt nach dreieinhalb?
- Wie viel ist Pi?
- Bringst du mir das mit der Oberfläche bei?
- Ergibt drei geteilt durch null eins, null oder drei?
- Bringen »Palindrome« Glück?
- Hast du Donald im Land der Mathemagie gesehen?
- Gibt es etwas in der Mathematik, das hilft, Mädchen zu erobern?
- Wenn es null Grad hat, hat man dann keine Temperatur?
- Kennst du diesen Taschenrechner?
- Nützt die Mathematik beim Roulette?
- Hast du viel lernen müssen?
- Du bist intelligent, oder?
- Wie liest man diese Zahl: 27398393030303938737363535353353322?
- Wieso hast du dir die Mathematik ausgesucht?

Kurz und gut: Die Liste könnte so weitergehen, und ich bin sicher, dass derjenige, der bis hierher gekommen ist, noch viele weitere Fragen stellen könnte. Das Entmutigende ist, dass wir, die wir die *Verpflichtung* haben müssten, die Mathematik angemessen zu kommunizieren, in der Lage von *permanenten Schuldnern* sind, weil wir das Ziel nicht erreichen: die Schönheit zu zeigen, die ihr innewohnt. Glauben Sie mir: Es sind weder die Schüler noch die Eltern. Wir sind es, die Lehrer.

Wahlen: Sind sie wirklich die gerechteste Art der Entscheidung?

Was ich Ihnen hier erzählen werde, soll Sie zum Nachdenken darüber bringen, ob etwas, das man für selbstverständlich hält (nämlich, dass eine Abstimmung die gerechteste Art der Wahl ist), *tatsächlich* selbstverständlich ist.

Nehmen wir an, dass der Präsident eines Landes gewählt werden soll (das Gleiche gilt übrigens, wenn mehrere Tortenarten zur Wahl stehen). Ohne jeden Zweifel ist die Art, die alle für die gerechteste halten, eine Abstimmung. Und so sollte es sein. Auf alle Fälle gibt es einige Menschen (nicht notwendigerweise Antidemokraten ... warten Sie kurz, bevor Sie sie kritisieren), die andere Vorstellungen haben. Wenn man die Situation von einem mathematischen Standpunkt aus betrachtet, kann man auf einige Hindernisse stoßen. Sehen wir uns die Sache an.

Laut dem Mathematiker Donald Saari (der unlängst ein wichtiges Wahlergebnis hinsichtlich der Wahltheorie prüfte) ist es möglich, durch das Votum jegliches Wahlergebnis, das man möchte, zu erzeugen. Das heißt, *den*

Willen des Volkes so zu verzerren, bis er damit überein-stimmt, was man will. Auch wenn man es nicht glauben mag. Man muss lediglich wissen, was die Bevölkerung oder die potenziellen Wähler ungefähr denken (was man heutzutage durch Befragungen mit sehr niedrigem Fehlerniveau erreichen kann). Dann ist es möglich, »Formeln« zu schaffen, sodass die Entscheidung der Wähler *beeinflusst wird, bis man erreicht, dass sie für das stimmen, was man will,* auch wenn sie glauben, frei zu wählen. Der Schlüssel ist, dass diejenigen an der Macht sind, die die »Mehrheit« beherrschen.

Sehen wir uns ein Beispiel an. Wir werden es mit einer begrenzten Anzahl von Wählern (30) und wenigen Kandidaten (3) durchführen. Aber die Vorstellung, die man aufgrund dieses Beispiels gewinnt, reicht aus, um auf andere Fälle zu schließen. Nehmen wir also an, dass es 30 Wähler gibt und 3 Kandidaten zur Wahl stehen: A, B und C. Ich werde eine Notation benutzen, um zu kenn-zeichnen, dass die Wähler den Kandidaten A dem Kan-didaten B vorziehen. Das heißt, wenn wir schreiben A > B, bedeutet dies, dass die Bevölkerung, wenn sie *zwischen A und B* wählen soll, A wählen würde. Wenn wir auf der anderen Seite A > B > C angeben würden, bedeutet dies, dass, wenn sie vor der Wahl zwischen A und B stünde, A vorziehen würde und von C und B lie-ber B wählen würde. Aber es besagt auch, dass sie A nehmen würde, wenn sie sich zwischen A und C ent-scheiden müsste. Kommen wir zu unserem Beispiel:

> 10 Wähler wollen A > B > C.
> 10 Wähler bevorzugen B > C > A.
> 10 Wähler würden wählen C > A > B.   (*)

Diese Wählerverteilung hätten wir, wenn sie zwischen diesen drei Kandidaten entscheiden müssten. Gehen wir nun davon aus, dass man zuerst zwischen zwei Kandidaten wählen muss und der Gewinner dann mit dem dritten konkurriert, der noch nicht teilgenommen hat. Und nehmen wir an, dass wir C zum Präsidenten machen wollen. Zuerst lassen wir B gegen A antreten. Wenn wir auf die Auflistung auf Seite 236 (*) blicken, sehen wir, dass A mit 20 Stimmen gewinnen würde, wenn die Leute zwischen A und B wählen müssten. Dann lassen wir den Gewinner (A) gegen denjenigen, der bleibt (C), antreten, und wenn wir wieder auf das Diagramm (*) blicken, gewinnt C (er wird ebenfalls 20 Stimmen erhalten). Und damit erreichen wir das Ergebnis, das wir haben wollten.

Zieht man es zum Beispiel vor, dass A Präsident wird, lassen wir zuerst B auf C »treffen«. Dann gewinnt B. Der Gewinner, B, tritt dann gegen A an, und wir wissen, dass A gegen ihn gewinnen wird (in Übereinstimmung mit *). Und er wird Präsident. Will man hingegen, dass B die Präsidentschaft übernimmt, lässt man A gegen C kämpfen, und wenn wir wieder auf die Liste von (*) blicken, erkennen wir, dass C gewinnen würde. Dieser Gewinner, C, tritt in den Wettbewerb mit B, und in diesem Fall würde B gewinnen. Und wir haben unseren Auftrag erfüllt.

Es lohnt sich anzumerken, dass in jeder Wahl der *Gewinner* 66 % der Stimmen erhält, worauf die Leute sagen würden, dass es ein »Erdrutschsieg« war. Niemand würde den Gewinner oder die Methode in Frage stellen.

Das Ergebnis von Saari ist noch interessanter, weil er sagt, dass er dazu in der Lage sei, noch unglaublichere

Szenarien mit mehr Kandidaten zu »erfinden«, bei denen zum Beispiel *alle* A gegenüber B vorziehen, er aber erreicht, dass B der Gewinner ist. Die Arbeit des Mathematikers erschien in einem Artikel mit dem Titel »Eine chaotische Erkundung von Aggregationsparadoxen« oder »A Chaotic Exploration of Aggregation Paradoxes«, erschienen im März 1995 in der SIAM Review, das heißt durch die Society for Industrial and Applied Mathematics (Gesellschaft für Industrielle und Angewandte Mathematik).[41]

Der ethische Eid

Jedes Mal, wenn an der Fakultät für Mathematik und Naturwissenschaften der Universität von Buenos Aires ein Student sein Studium abschließt, muss er vor seinen Altersgenossen und dem Dekan der Fakultät einen Eid ablegen. Im Allgemeinen schwört man bei Gott und dem Vaterland; bei Gott, dem Vaterland und den Heiligen Evangelien; nur bei Ehre und Vaterland. Der Varianten sind da viele, aber im Wesentlichen sind dies die wichtigsten.

Jedoch organisiert seit dem Jahr 1988 eine Gruppe von Studenten, die von Guillermo A. Lemarchand koordiniert und durch die Behörden dieser Hochschule sowie Studentenvertretung unterstützt wird, an der Fakultät für Mathematik und Naturwissenschaften der Universität von Buenos Aires, das Internationale Symposium

---

41 Dieser Artikel entstammt der Internetseite der American Mathematical Society und wurde von Allyn Jackson verfasst.

über »Die Wissenschaftler, den Frieden und die Abrüstung«.

Als der Kalte Krieg in voller Blüte stand, debattierte man über die soziale Rolle, die die Wissenschaftler ausüben müssen, und ihre Verantwortung als Erzeuger von Wissen, das am Ende die Menschheit in Gefahr bringen könnte. Als Ergebnis dieses Kongresses erarbeitete man eine Schwurformel für die Graduierung – ähnlich wie der hippokratische Eid der Mediziner –, durch die sich die Studienabgänger der Fakultät für Mathematik und Naturwissenschaften verpflichten, ihr Wissen zugunsten des Friedens einzusetzen. Dieser Eid wird freiwillig abgelegt – glücklicherweise sprechen sich fast 90 % der Graduierten dafür aus –, und sein Text wurde folgendermaßen formuliert:

In der Erkenntnis, dass die Wissenschaft und insbesondere ihre Ergebnisse der Gesellschaft und dem Menschen Schaden bringen können, wenn sie sich außerhalb ethischer Kontrolle befinden: Schwört ihr, dass die wissenschaftliche Forschung und Technologie, die ihr entwickelt, zum Wohle der Menschheit und zugunsten des Friedens sein werden, dass ihr euch fest dazu verpflichtet, dass eure Leistung als Wissenschaftler niemals Zwecken dienen wird, die die Menschenwürde verletzen, indem ihr euch von euren Überzeugungen und persönlichen Glaubenssätzen leiten lasst, gegründet auf wirklichem Wissen der Gegebenheiten, die euch umgeben, und der möglichen Folgen der Ergebnisse, die sich aus eurer Arbeit ableiten lassen, wobei ihr weder Lohn noch Prestige den Vorrang gebt, noch euch den Interessen von Arbeitgebern oder politischen Führern unterordnet?

Wenn ihr euch nicht daran haltet, so soll euer Gewissen es einfordern.

Ich glaube, dass der Text für sich spricht. Aber mehr als ein symbolischer Eid ist er eine Einstellung gegenüber dem Leben. Da ich diese Einstellung begrüße, wollte ich sie hier in diesem Buch mitteilen und sie denjenigen Universitäten ans Herz legen, die keine Schwurformel wie die vorangegangene besitzen.

Wie man eine Prüfung abnimmt

Seit vielen Jahren stelle ich mir eine Frage: Ist das argentinische Prüfungssystem sinnvoll? Oder zumindest: Ist die Art der Prüfungen, die heutzutage fast auf der ganzen Welt Anwendung findet, angebracht? (Ich beziehe mich insbesondere auf die Prüfungen in den Grundschulen und Gymnasien.)

Ich weiß, dass das, was ich schreiben werde, eine provokative Seite hat und viele Lehrende (und viele nicht Lehrende auch) nicht damit einverstanden sein werden. Aber egal. Ich möchte nur die Aufmerksamkeit auf bestimmte Punkte lenken, die es sich meiner Meinung nach zu untersuchen lohnt. Und zu diskutieren. Ich glaube, das 21. Jahrhundert wird Zeuge eines strukturellen Wandels auf diesem Gebiet sein. Die Studenten werden ein anderes Gewicht haben. Die Beziehung Lehrer – Schüler *muss* sich ändern. Und die Systeme der Bewertung ebenfalls.

Die *Art* der Prüfung, die wir kennen, bei der ein Lehrer sich eine Reihe von Problemen ausdenkt und der Schüler eine bestimmte Zeit zur Verfügung hat, um sie zu beantworten, hat eine perverse Komponente, die schwer zu verbergen ist: Einer Person, allgemein einem Lehrer, ist eine Gruppe von Jugendlichen oder Kindern ausgeliefert, und auf subtile Weise missbraucht er seine Macht. Der Lehrer ist derjenige, der alle Regeln festlegt, und seine Entscheidungen sind – fast – unanfechtbar. Dies ist ein Spiel zwischen *ungleich* starken Partnern. Die Jugendlichen sind üblicherweise diesem Herrn/dieser Dame ausgeliefert, der/die sich entschieden hat, die Aufgabe in seine/ihre Hand zu nehmen, sie zu »prüfen«. Nichts weniger.

Bis vor relativ kurzer Zeit benutzten die Lehrerinnen Lineale, um den Kindern auf die Knöchel oder die Hände zu schlagen, sie banden den Kleinen den linken Arm fest, um sie dazu zu bringen, mit rechts zu schreiben und »normal« zu werden, man durfte keinen Kugelschreiber benutzen, kein Löschpapier, weder radieren noch durchstreichen noch Löcher in der Mappe haben usw. Man hielt die Kinder dazu an, auswendig zu lernen, und belohnt wurde derjenige, der ein gutes Gedächtnis hatte und in allem die beste Note bekam. Man stellte ihn als Beispiel eines besseren Menschen dar, weil er als besserer Schüler erschien. In einigen Jahren werden wir zurückblicken und uns genauso beschämt wiederfinden wie diejenigen, die sich in den vorangegangenen Beispielen wiedererkennen.

Die Prüfung aus der Sicht eines Schülers

Der Lehrer übernimmt als eine seiner Aufgaben zu überprüfen, ob die Schüler gelernt, sich vorbereitet, verstanden und Zeit und Mühe verwendet haben … eben ob sie etwas wissen. Aber im Allgemeinen klammern sie eine sehr wichtige Frage aus, die sie sich selbst stellen sollten: Haben sie vorher deren Interesse geweckt?

Wer hat Lust, seine Zeit, seine Energie und Mühe auf etwas zu verwenden, das ihn nicht interessiert? Verstehen wir Lehrer es, Neugier zu wecken? Wer hat uns darauf vorbereitet? Wer hat uns gelehrt und lehrt uns, die Lust am Lernen zu schaffen? Wer bemüht sich darum, die Vorlieben und Neigungen der Jugendlichen zu erforschen, um ihnen dabei zu helfen, sich dort zu entwickeln?

Machen Sie die Probe: Nehmen Sie ein Kind von drei Jahren und erzählen Sie ihm, wie ein Kind gezeugt wird. Es ist sehr wahrscheinlich, dass das Kind Ihnen zuhört, wenn Sie einen guten Draht zu ihm haben, aber dann auf und davon läuft, um etwas anderes zu spielen. Wenn Sie dagegen die gleichen Betrachtungen vor einem Kind von sechs oder sieben Jahren anstellen, werden Sie sehen, dass das Interesse und die Aufmerksamkeit ganz anders sind. Warum? Weil Sie ihm dabei helfen, die Antwort auf eine Frage zu finden, die es sich bereits selbst gestellt hat. Das größte Problem *der Erziehung in den unteren Klassen ist, dass die Lehrenden Antworten auf Fragen geben, die die Kinder sich gar nicht gestellt haben*; dies aushalten zu müssen, ist ganz entschieden langweilig. Warum versuchen sie es nicht umgekehrt? Kann jeder Lehrer erklären, warum er lehrt, was er lehrt? Kann er erklären, wozu das, was er sagt, gut ist? Ist er dazu in der Lage, den Ursprung des Problems zu erzählen, das zu der Lösung führte, die wir nach seinem Willen lernen sollen?

Wer hat gesagt, dass die Aufgabe des Lehrers nur darin besteht, Antworten zu geben? *Das Erste, was ein guter*

Lehrer tun müsste: versuchen, Fragen entstehen zu lassen.
Würden Sie sich hinsetzen, um Antworten auf Fragen zu
hören, die Sie sich nicht gestellt haben? Würden Sie das
gerne tun? Wären Sie mit Interesse dabei? Wie viel Zeit
würden Sie darauf verwenden? Warum würden Sie das
tun? Um es zu Ende zu bringen, aus Gründen der Höf-
lichkeit und des Respekts, weil Ihnen nichts anderes
übrig bleibt, weil Sie dazu verpflichtet sind, aber Sie würden versuchen, dem so schnell wie möglich zu entkommen. Die Jugendlichen oder Kinder können das nicht.
Wenn man hingegen jemandes Neugier zu erwecken vermag, wenn man die richtige Saite in ihm berührt, wird
der Jugendliche sich auf die Suche nach der Antwort be-
geben, weil es ihn interessiert, sie zu finden. Er wird sie
allein finden, er wird einen Schulkameraden danach fragen, den Vater, den Lehrer, in einem Buch danach suchen, was weiß ich. Irgendetwas wird er tun, weil er
durch sein eigenes Interesse dazu angetrieben wird.
Aus der Sicht eines Schülers könnte man die Situation
folgendermaßen zusammenfassen: »Warum muss ich zu
dem Zeitpunkt kommen, den man mir vorschreibt, an
das denken, was mir angeschafft wird, warum darf ich
nicht anschauen, was andere dazu geschrieben und veröffentlicht haben, nicht mit meinen Kameraden diskutieren; warum muss ich feste Zeiten einhalten, warum
darf ich nicht aufs Klo gehen, wenn ich muss, nicht essen, wenn ich Hunger habe, oder etwas trinken, wenn
ich Durst habe? Und zu allem Überfluss kann es sein,
dass man mich mit Fragen überrascht, ohne mir vorher
die Zeit gegeben zu haben, sie zu entwickeln.«
Alles zusammengenommen, ist das nicht Mitleid erre-
gend? Es ist wahrscheinlich, dass es etlichen Schülern

niemals gelingt, die Aufgaben, die sie in einer Prüfung vor sich haben, zu lösen, aber nicht, weil sie die Lösung nicht kennen, sondern weil sie es nicht schaffen, all die Hürden zu überwinden, die vorher auf sie zukommen.

Seit 1993 machen wir unsere Erfahrungen mit dem Mathematikwettbewerb, der den Namen meines Vaters trägt. Die Schüler aus dem ganzen Land, die antreten, um die Prüfung abzulegen, können sich dafür entscheiden, sich als Paar eintragen zu lassen. Das heißt: Wenn sie wollen, können sie sie einzeln machen, aber wenn nicht, können sie einen Kameraden oder eine Kameradin wählen, um gemeinsam über die Probleme nachzudenken, sich jemanden suchen, mit dem man über die Aufgaben diskutieren und polemisieren kann. Ist diese Methode dem wirklichen Leben nicht ähnlicher? Reden wir nicht immer vollmundig davon, dass wir uns bemühen, Gruppenarbeit, die bibliografische Recherche, die Rücksprache mit anderen Spezialisten, die Diskussionen in Foren, Debatten … im alltäglichen Leben zu fördern? Warum versuchen wir nicht, diese Situationen im Unterricht nachzuahmen?

In der Grundschule oder auf dem Gymnasium, wo die Lehrer täglich mit den Schülern in Kontakt kommen – wenn die interaktive Beziehung Lehrer–Schüler als solche effektiv funktionieren würde –, verstehe ich die Überraschungsprüfungen nicht. Genügt diese monatelange Beziehung nicht, um herauszufinden, wer etwas verstanden hat und wer nicht? Braucht man es als didaktische Methode, ihnen den Ball zuzuwerfen, um ihre Reaktion zu testen? Diese Prüfungssysteme haben eine starke Misstrauenskomponente. Es wirkt so, als hegte der Lehrer den Verdacht, dass der Schüler nicht gelernt hat, nichts weiß oder abschreiben wird, und ihn in dieser Hinsicht entlarven möchte. Und hier beginnt der Kampf. Ein fruchtloser und unverständlicher Kampf, der eine äußerst kuriose Entzweiung aufweist: Niemand würde gegen jemanden kämpfen, der ihm hilft, oder versuchen, ihn zu täuschen. Vielleicht kommt es zu diesem Problem erst, weil es dem Schüler nicht gelingt zu erkennen, dass der Beziehung diese Bedingungen zugrunde liegen, und da wir, die wir auf dieser Seite stehen, die größere Verantwortung haben, gibt es keinen Zweifel darüber, dass wir es sind, die sich ändern müssen.

Mein Vorschlag ist nicht, »nicht zu prüfen«. Es ist offensichtlich, dass man in jeder Stufe der Ausbildung, wenn man vorwärtskommen will – auf irgendeine Art –, beweisen muss, dass man das weiß, was man wissen soll. Das steht nicht zur Debatte. Nur in der Methodik weiche ich ab; mir widerstrebt dieser »Typ« Prüfung, weil für mich nicht klar ist, dass sie bemisst, was sie zu bemessen behauptet.

Eines ist meiner Meinung nach jedoch sicher – wie ich weiter oben bereits geschrieben habe: dass es in diesem Jahrhundert in dieser Hinsicht viele Veränderungen geben wird. Doch wir müssen einmal damit anfangen. Und eine gute Art ist es, bei sich selbst anzufangen, indem wir darüber diskutieren, warum wir lehren, was wir lehren, warum wir *dies* statt *jenes* unterrichten, wozu das, was wir lehren, gut ist, *welche Fragen das, was wir lehren, beantwortet,* und noch wichtiger: *Wer stellt diese Fragen – der Schüler oder der Lehrer?*

Wunderkinder

Was bedeutet es, ein »Wunderkind« zu sein? Welche Bedingungen muss man auf sich vereinigen? Muss man
schneller sein als seine Altersgenossen? Fortgeschritte-
ner, tiefgründiger, reifer? Oder früher das tun, was andere später oder nie tun?

Mir ist klar geworden, dass wir Menschen es brauchen,
in Kategorien und Schubladen zu denken. Das beruhigt
uns. Wenn ein Kind durchschnittlich mit sechs Jahren
in die Schule kommt, mit dreizehn ins Gymnasium und
an die Universität, wenn es schon wählen darf ... jegliche »Abweichung« vom Vorgegebenen unterscheidet
es, trennt es, »anormalisiert« es.

Auch mein Leben war anders, doch das wurde mir erst
nach einigen Jahren bewusst. Ich besuchte die erste
Klasse der Grundschule als »freier Schüler«, und dadurch
konnte ich das, was heute die zweite Klasse wäre, schon
im Alter von fünf Jahren beginnen. Als ich »die fünfte«
beendete, schlug man mich für die Aufnahme ins Colegio
Nacional von Buenos Aires vor. Ich bereitete mich vor,
doch dann ließ man mich die Prüfung nicht ablegen, weil
man sagte, ich sei zu klein: Ich war zehn Jahre alt. Während ich die sechste Klasse absolvierte, lernte ich dann
alle Fächer des ersten Jahres des Gymnasiums, um sie
wieder als »freier Schüler« abzulegen. Und ich schaffte
es. Daher begann ich mit elf Jahren das zweite Jahr. Und
während ich dann vormittags die fünfte Klasse absolvierte, besuchte ich abends den Aufnahmekurs für die exak-
ten Wissenschaften. Das heißt, ich stattete der Universität meinen ersten Besuch ab, als ich erst vierzehn Jahre
alt war. Ah, ich schloss mein Studium der Mathematik ab,

als ich neunzehn war, und ein wenig später machte ich den Doktor. Und außerdem studierte ich Klavier bei dem großen argentinischen Pianisten Antonio de Raco, der mich dazu brachte, den *Sturm* von Beethoven bei Radio Provincia zu spielen, als ich erst elf Jahre alt war. Dies ist die Geschichte. Nun einige Überlegungen. Für meine Umgebung gehörte ich zur Kategorie »Wunderkind«: Er ist ein Mathematikgenie! Er kann Logarithmen! (Was für eine Dummheit, mein Gott!) Du musst ihn hören, wenn er Klavier spielt! Ich, ein Wunderkind? Ich hatte keine Ahnung, was ich tat. Es kostete mich genauso viel Mühe, die Dinge zu erreichen, wie meine Kameraden. Es ist klar, dass ich diese Fähigkeiten an den Tag legte, aber es ist genauso klar, dass ich alle Voraussetzungen hatte, um sie zu entwickeln. In dem Zuhause, in das ich geboren wurde, mit den Eltern, die ich hatte – wie hätte ich mich nicht schneller entwickeln sollen, da ich praktisch keine Einschränkungen hatte? Von welchem Wunderkind erzählen sie mir? Ich verkenne die emotionalen Verwirrungen nicht, die es mit sich bringen kann, ältere Spielkameraden zu haben. Aber ist Reife nur eine chronologische Frage? Ich kann mich nicht daran erinnern, damit Probleme gehabt zu haben. Und ich wollte Fußball spielen. Und ich tat es.

Bis heute habe ich keine gute Definition dafür gefunden, was »Intelligenz« wirklich ist, aber es gibt eine starke Neigung unter den Menschen, sie als »ererbtes« oder »genetisch bedingtes« Gut zu betrachten. Und das führt zur ehrfürchtigen Betrachtung. Da sie nicht von einem abhängt, ist sie unerreichbar: »Es ist einem eben nicht in die Wiege gelegt.« Falsch! Ich bin dazu geneigt, die Umweltbedingungen zu schätzen, in dem ein Kind aufwächst. Alle Kinder kommen mit Fähigkeiten und Fertigkeiten auf die Welt. Das Problem liegt darin, die ökonomischen Mittel zu haben, die es gestatten, sie zu entdecken, und ein familiäres Umfeld, die sie stärkt und fördert. Und ich hatte sie, und das verwandelte mich nicht in ein Wunder-, sondern ein privilegiertes Kind.

Die Geschichte von den fünf Minuten und den fünf Jahren

Ein Mann arbeitete gerade in seiner Fabrik, als plötzlich eine der lebenswichtigen Maschinen für seine Produktionslinie stehen blieb. Der Mann, der an solcherlei Zwischenfälle gewöhnt war, versuchte zunächst, das Problem selbst zu lösen. Er überprüfte die Stromversorgung, das Öl, das er für die Maschine benutzte, und versuchte, den Motor per Hand zu starten. Nichts. Die Maschine funktionierte immer noch nicht.

Der Inhaber begann zu schwitzen. *Er war darauf angewiesen, dass die Maschine funktionierte.* Die gesamte Produktionslinie stand still, weil dieses mysteriöse Ding kaputt war.

Als bereits einige Stunden verstrichen waren und der Rest der Fabrik nur darauf wartete, was mit der Maschine geschah, beschloss der Inhaber, einen Spezialisten zu rufen. Er konnte nicht noch mehr Zeit verlieren. Er ließ einen Maschinenbauingenieur kommen, einen Experten für Motoren. Es stellte sich ein relativ junger Mann vor, oder jedenfalls war er jünger als der Inhaber selbst. Der Spezialist sah sich die Maschine eine Sekunde lang an, versuchte sie zu starten, doch es gelang ihm nicht. Aber er hörte ein Geräusch, das ihm *etwas sagte*, und er öffnete das »Köfferchen«, das er mitgebracht hatte, nahm einen Schraubenzieher heraus, öffnete eine Schiebetür, durch die man den Motor nicht sehen konnte, und steuerte auf eine bestimmte Stelle zu. Er wusste, was er suchte: Er richtete ein paar Dinge und versuchte es erneut. Dieses Mal startete der Motor.

Der Inhaber atmete erleichtert auf. Nicht nur die Maschine, sondern die gesamte Fabrik war wieder im Einsatz. Er lud den Ingenieur ein, in sein privates Büro zu kommen, und bot ihm einen Kaffee an. Sie sprachen über verschiedene Themen, die jedoch immer um die Fabrik und ihr Funktionieren kreisten. Bis der Moment der Bezahlung kam.

»Was schulde ich Ihnen?«, fragte der Inhaber.

»Sie schulden mir 1.500 Dollar.«

Der Mann fiel beinahe vom Stuhl, als er die Summe vernahm.

»Wie viel sagen Sie? 1.500 Dollar?«

»Ja«, antwortete der junge Mann ungerührt und wiederholte: »1.500 Dollar.«

»Aber hören Sie mal«, rief der Inhaber. »Wie können Sie 1.500 Dollar für eine Arbeit verlangen, die Sie gerade einmal fünf Minuten gekostet hat?«

»Nein, mein Herr«, fuhr der junge Mann fort. »Sie hat mich fünf Minuten und fünf Jahre Studium gekostet.«[42)]

---

42 Ein alternativer Ausgang ist folgender:

»Wie viel sagen Sie? 1.500 Dollar? Schicken Sie mir bitte eine detaillierte Rechnung.«

Der junge Mann schickt ihm eine Rechnung, die besagt:

»Kosten für die Auswechselung einer Schraube: 1 Dollar.

Kosten für das Wissen, welche Schraube zu wechseln ist: 1.499 Dollar.«

… Und der Inhaber zahlte ohne weitere Proteste.

Warum schrieb ich dieses Buch?

Es ist immer wieder die gleiche Geschichte. Egal wo, egal bei wem, egal wie, immer gibt es genügend Raum, dem Hass gegenüber der Mathematik Ausdruck zu verleihen. Aber warum? Warum erzeugt sie so viele feindliche Reaktionen? Warum hat sie so eine schlechte Presse?

Als Mathematiker stoße ich immer wieder auf die offensichtlichen Fragen: Wozu ist sie nützlich? Wie setzt man sie ein? ... und hier können Sie Ihre eigenen hinzufügen. Oder schlimmer noch: Kinder (und Eltern), die sagen: »Ich verstehe gar nichts«, »ich langweile mich«, »das da konnte ich noch nie« ... so ... »das da«. Die Mathematik ist eine Art »das da« oder vielleicht »diejenige«, die in den Schulen und Universitäten nicht gerade allgegenwärtig ist und sich als das universelle Folterinstrument präsentiert.

Die Mathematik ist ein Synonym für fast alle traurigen Momente unseres schulischen Wachstums. Sie ist ein Synonym für *Frustration*. Als wir klein waren, bewies nichts besser unsere Machtlosigkeit als ein Mathematikproblem. Ein wenig später, im Gymnasium, trifft man auf Probleme in der Physik oder Chemie, aber im Wesentlichen sind die größten Schwierigkeiten immer mit der Mathematik verbunden.

Ich kenne zwar die genauen Daten nicht, doch würde man *in allen Gymnasien* eine Untersuchung darüber anstellen, in wie vielen Fällen eins von zwei Fächern, in denen ein Schüler *zur Nachprüfung gehen muss (sei es im Dezember oder im März), Mathematik wäre ...* bin ich sicher, dass das Ergebnis überraschend wäre. In wie vielen? In 80 % der Fälle? Mehr? Ich würde wetten, dass es sich um diesen Wert bewegt.

Ein Student entdeckt schnell, dass die Geschichte etwas ist, das vergangen ist. Ob es ihm gefällt oder nicht, ob es ihn interessiert oder nicht, aber sie ist vergangen. Man kann die gegenwärtigen Tatsachen als eine Konsequenz der Vergangenheit analysieren. Ob der Student (oder Dozent) versteht, wofür es gut ist, sie zu studieren, oder nicht – er braucht sich jedenfalls nicht zu fragen, *was sie ist*.

In der Biologie ist es genauso: Die Pflanzen sind da, die Tiere auch, das Klonen steht in der Zeitung, und man hört von der DNS und der Entschlüsselung des menschlichen Erbguts im Fernsehen. Geografie, Buchführung, Grammatik, mutter- und fremdsprachlicher Unterricht ... alles erklärt sich selbst. Die Mathematik hat *keinen Anwalt, der sie verteidigt. Es gibt kein anderes Fach im Lehrplan, das sich mit ihr vergleichen ließe. Die Mathematik verliert immer.* Und da sie keine gute Presse hat, versteht man nicht mehr, warum man sie lernen soll. Wozu?

Sogar die Eltern der Jugendlichen sind einverstanden, weil sie ebenfalls schlechte Erfahrungen gemacht haben. Für mich gibt es daher nur einen logischen Schluss: Die schlimmsten Feinde der Mathematik sind wir Lehrenden selbst, weil es uns nicht gelingt, in den Jugendlichen, die wir vor uns haben, auch nur die geringste Neugier zu wecken, damit sie Freude an ihr finden können. Der Mathematik wohnt eine unendliche Schönheit inne, doch wenn die Menschen, die sie genießen sollen, sie nicht sehen können, liegt die Schuld bei dem, der sie darstellt.

Zu lehren, Freude an der Mathematik zu haben, zu denken, ein Problem zu haben, darin zu schwelgen, auch wenn man die Lösung nicht finden kann, schlicht eine Herausforderung zu haben – darin besteht die Aufgabe der Lehrenden. Und es handelt sich dabei nicht nur um ein *utilitaristisches* Problem. Ich spreche mich auch nicht dafür aus, dass man eine Liste von *potenziellen Anwendungen* machen soll, um das Publikum zu überzeugen. Nein. Ich spreche von der Magie, denken zu können, dem Zauber, das zu zeigen, was man nicht weiß, von der Herausforderung des Geistes.

Das ist es, was der Mathematik fehlt: Fürsprecher.

Lösungen

1. Lösung zum Problem des Hotels Hilbert

a) Wenn statt einer Person zwei kommen, muss der Portier denjenigen aus Zimmer 1 bitten, in die 3 zu gehen, derjenige aus der 2 muss in die 4, der aus der 3 in die 5, der aus der 4 in die 6 usw. Das heißt, er muss jeden darum bitten, *zwei Zimmer* weiterzugehen. Dadurch werden die ersten *beiden* Zimmer frei, in denen die beiden neu angekommenen Gäste untergebracht werden können.

b) Wenn statt zwei Reisenden hundert kommen, muss man Folgendes tun: dem Herrn aus dem Zimmer 1 sagen, dass er in die 101 gehen soll, der aus der 2 soll in die 102, der aus der 3 in die 103 usw. Das Prinzip ist, dass jeder *genau* 100 Zimmer weitergeht. Dadurch werden hundert Zimmer frei, die die hundert neu angekommenen Reisenden belegen.

c) Nach demselben Prinzip, nach dem wir die Punkte a) und b) gelöst haben, beantwortet sich diese Frage. Wenn diejenigen, die ankommen, *n* neue Reisende sind, besteht die Lösung darin, jeden Gast, der schon ein Zimmer belegt hat, *n* Zimmer weiterzuschicken. Das heißt: Wenn jemand im Zimmer x ist, muss er in das Zimmer (x + n). Dadurch werden *n* Zimmer frei für die Neuankömmlinge. Und um die Frage, die Punkt c) aufwirft, abschließend zu beantworten: Die Antwort ist Ja, ganz egal wie viele Personen kommen, man kann das Problem IMMER lösen, wie wir gerade gezeigt haben.

d) Wenn schließlich *unendlich viele* neue Reisende ankommen, was dann? Eine Möglichkeit ist, demjenigen aus Zimmer 1 zu sagen, er soll in die 2 gehen, dem aus der 2, er soll in die 4 gehen, dem aus der 3, er soll in die 6 gehen, dem aus der 4, er soll in die 8, dem aus der 5, er soll in die 10 usw. Das heißt, jeder geht in das Zimmer, das durch *das Doppelte* der Nummer, die er jetzt hat, gekennzeichnet ist. Auf diese Weise haben alle Neuankömmlinge ein Zimmer (nämlich die mit den *ungeraden* Nummern), während die Reisenden, die schon vor der Invasion der neuen Touristen da waren, sämtliche Zimmer mit den *geraden* Nummern belegen.

→ **Fazit:** Die unendlichen Mengen besitzen sehr besondere Eigenschaften. Eine davon, die unter anderem der Intuition zuwiderläuft, ist, dass eine »kleinere« Teilmenge, die in einer Menge »enthalten ist«, die gleiche Anzahl an Elementen wie *das Ganze* beinhalten kann. Über dieses Thema sprechen wir noch ziemlich ausführlich im Kapitel über die *verschiedenen Arten von Unendlichkeiten.*

2. Lösung zum Problem 1 = 2

Der Rechengang ist einwandfrei, bis zu der Stelle, an der es heißt:
Klammert man den gemeinsamen Faktor in jedem Glied aus

$$2a\,(a\text{-}b) = a\,(a\text{-}b)$$

und kürzt auf beiden Seiten (a-b), erhält man:

$$2a = a.$$

Und an diesem Punkt möchte ich innehalten: Kann man kürzen? Untersuchen wir, was »kürzen« überhaupt bedeutet und ob man *immer* kürzen kann.
Zum Beispiel:
Angenommen, wir haben: $10 = 4 + 6$

$$2 \cdot 5 = 2 \cdot 2 + 2 \cdot 3$$
$$2 \cdot 5 = 2\,(2 + 3) \tag{*}$$

In diesem Fall kommt die Zahl 2 in beiden Termen vor. Wenn man jetzt kürzt (das heißt, die Zahl 2, die als Faktor auf beiden Seiten vorkommt, sozusagen »loswird«), kommt sie nur noch in einem Term vor, und man erhält:

$$5 = (2 + 3) \tag{**}$$

Wie man sieht, ist die Gleichung, die man in (*) hatte, auch in (**) gültig.
Allgemein heißt das:

$$a \cdot b = a \cdot c$$

Kann man *immer* kürzen? Das heißt, kann man immer den Faktor a eliminieren, der in beiden Gliedern erscheint? Ist die Gleichung b = c immer gültig, wenn man kürzt?

Denken Sie an folgenden Fall:

$$0 = 2 \cdot 0 = 3 \cdot 0 = 0 \qquad\qquad (***)$$

Da man also weiß, dass $0 = 0$ und dass sowohl $2 \cdot 0$ als auch $3 \cdot 0$ null sind, folgt daraus die Gleichung (***).

Dann könnte man bei der Gleichung

$$2 \cdot 0 = 3 \cdot 0$$

genauso verfahren wie oben im Fall mit der Zahl 2. Wenn man nun die Zahl 0 in jedem Glied »eliminiert« (denn in beiden ist sie als Faktor enthalten), müsste eigentlich gelten:

$$2 = 3,$$

was aber eindeutig falsch ist. Das Problem ist Folgendes: Damit man »eliminieren« oder »kürzen« kann, muss der Faktor, den man loswerden will, ungleich 0 sein. Das heißt, wir werden einmal mehr damit konfrontiert, dass man nicht *durch null teilen darf*.

Was sich aus der Schlussfolgerung 1 = 2 ergab, stellt sich jetzt als irrelevant heraus. Wenn man nämlich durch (a − b) dividieren will, das gleich null ist, stehen wir vor einem Problem, denn zu Beginn haben wir gesagt, dass a = b, und das heißt:

$$a - b = 0$$

3. Lösung zum Problem der potenziellen doppelten Zerlegung der Zahl 1.001

Die Zahl $1.001 = 7 \cdot 143 = 11 \cdot 91$
Dies scheint gegen die Gültigkeit des Fundamentalsatzes der Arithmetik zu verstoßen, weil es so aussieht, als ob die Zahl 1.001 *zwei Zerlegungen* hätte. Das Problem ist aber, dass weder 143 noch 91 Primzahlen sind.

$$143 = 11 \cdot 13$$

und

$$91 = 7 \cdot 13$$

Wir können also aufatmen. Der Satz ist immer noch quicklebendig.

4. Lösung zur Zuordnung der natürlichen Zahlen zu den positiven und negativen rationalen Zahlen

0/1 ordnen wir die 1 zu

1/1 ordnen wir die 2 zu

−1/1 ordnen wir die 3 zu

1/2 ordnen wir die 4 zu

−1/2 ordnen wir die 5 zu

2/2 ordnen wir die 7 zu

−2/2 ordnen wir die 8 zu

2/1 ordnen wir die 9 zu

−2/1 ordnen wir die 10 zu

3/1 ordnen wir die 11 zu

−3/1 ordnen wir die 12 zu

3/2 ordnen wir die 13 zu

−3/2 ordnen wir die 14 zu

3/3 ordnen wir die 15 zu

−3/3 ordnen wir die 16 zu

2/3 ordnen wir die 17 zu

−2/3 ordnen wir die 18 zu

1/3 ordnen wir die 19 zu

−1/3 ordnen wir die 20 zu

1/4 ordnen wir die 21 zu

−1/4 ordnen wir die 22 zu

2/4 ordnen wir die 23 zu

−2/4 ordnen wir die 24 zu

3/4 ordnen wir die 25 zu

−3/4 ordnen wir die 26 zu

4/4 ordnen wir die 27 zu ...

und so weiter.

5. *Lösung zum Problem eines Punktes in einem Intervall*

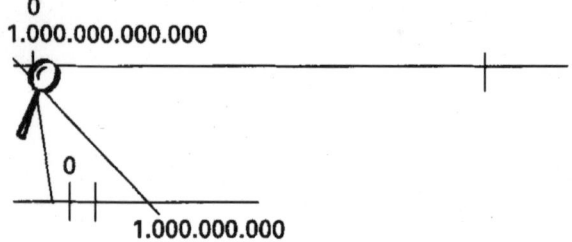

6. Lösung zm Problem der gezinkten Münze

Nehmen wir an, die Wahrscheinlichkeit, dass Kopf herauskommt, ist p, und die Wahrscheinlichkeit, dass Zahl herauskommt, q.

Bevor wir die Lösung niederschreiben, wollen wir analysieren, was geschehen würde, wenn wir diese Münze *zweimal hintereinander* in die Luft werfen würden. Welche Ergebnisse sind möglich?

1. Kopf–Kopf
2. Kopf–Zahl
3. Zahl–Kopf (*)
4. Zahl–Zahl

Das heißt, es gibt vier mögliche Ergebnisse.

Wie hoch ist die Wahrscheinlichkeit, dass (1) (also Kopf–Kopf) herauskommt? Die Wahrscheinlichkeit ist gleich $p \cdot p = p^2$. Warum? Wir wissen bereits, dass die Wahrscheinlichkeit, dass Kopf beim ersten Mal herauskommt, p ist. Wenn wir die Prozedur jetzt wiederholen, ist die Wahrscheinlichkeit, dass *wieder* Kopf erscheint, immer noch p. Da wir die Münze *zweimal hintereinander* werfen, multiplizieren sich die Wahrscheinlichkeiten, und wir haben $(p \cdot p) = p^2$. (**)[43]

---

43 Wenn Sie tatsächlich von dieser Tatsache noch nicht überzeugt sind (ich beziehe mich darauf, dass man die Wahrscheinlichkeiten multiplizieren muss), denken Sie daran, dass die Wahrscheinlichkeit definiert ist als der Quotient aus den *günstigen Fällen* und den *möglichen Fällen*. Und im Fall des gleichen Ereignisses, das man zweimal wiederholt, berechnen sich dann die *günstigen* Fälle, *indem man die günstigen Fälle mit sich selbst multipliziert*. Und das Gleiche geschieht mit den *möglichen* Fällen, die man erhält, *indem man die möglichen Fälle ins Quadrat erhebt*.

Wenn das einmal klar ist, wollen wir die Wahrscheinlichkeit berechnen, dass sich jeder der Fälle ereignet, die auf der Liste (*) erscheinen:

   a) Wahrscheinlichkeit, dass Kopf – Kopf herauskommt = p^2
   b) Wahrscheinlichkeit, dass Kopf – Zahl herauskommt = $p \cdot q$
   c) Wahrscheinlichkeit, dass Zahl – Kopf herauskommt = $q \cdot p$
   d) Wahrscheinlichkeit, dass Zahl – Zahl herauskommt = q^2

Wenn Sie also diese letzte »kleine Tabelle« ansehen – fällt Ihnen nicht ein, was man tun müsste?

Der richtige Weg, um bei einer gezinkten Münze zwischen zwei Alternativen zu entscheiden, ist folgender: die *Münze zweimal zu werfen und jeden Teilnehmer zu bitten, die Wahl zu treffen, entweder Kopf–Zahl oder Zahl–Kopf.* Wie man an dieser letzten Liste sieht, sind die Wahrscheinlichkeiten dieselben: Eine ist $p \cdot q$, die andere $q \cdot p$. Aber wenn Kopf–Zahl herauskommt, gewinnt der eine. Und wenn Zahl–Kopf kommt, gewinnt der andere.

Die Frage, die man noch stellen muss: Was passiert, wenn Kopf–Kopf oder Zahl–Zahl herauskommt? In diesem Fall muss man die Münze wieder zweimal werfen, bis die Entscheidung fällt.

7. Laterales Denken

LÖSUNG ZUM AUFZUG-PROBLEM

Offensichtlich leidet der besagte Herr an Zwergwuchs. Deshalb kann er nicht bis zu seiner Wohnung mit dem Aufzug fahren: Der Mann kommt mit seinen Händen nicht bis zum Knopf zum zehnten Stock.

LÖSUNG ZUM PROBLEM DER BAR

Der Mann hat Schluckauf. Der Barmann erschreckt ihn, und dies genügt, um das Problem zu beseitigen. Daher dankt ihm der Mann und geht.

LÖSUNG ZUM PROBLEM DES »GEHÄNGTEN«

Der Mann hat sich aufgehängt, nachdem er auf einen riesigen Eisblock geklettert ist, der dann offensichtlich geschmolzen ist.
Manchmal erscheint dieses Problem mit einem Zusatz: Auf dem Boden erschien eine Wasserlache, oder aber der Boden war nass oder feucht.

LÖSUNG ZUM PROBLEM DES »TOTEN« AUF DEM FELD

Der Mann sprang aus einem Flugzeug mit einem Fallschirm, der nicht aufging. Neben ihm liegt das »ungeöffnete« Paket.

LÖSUNG ZUM PROBLEM DES ARMS, DER MIT DER POST KAM

Drei Männer saßen auf einer einsamen Insel fest. In verzweifeltem Hunger beschlossen sie, sich jeweils den linken Arm zu amputieren, um ihn zu essen. Sie schworen einander, dass jeder erlauben würde, ihm den Arm abzuschneiden. Einer von ihnen war Arzt, und so war er es, der seinen beiden Kameraden den Arm abschnitt. Als sie jedoch deren Arme aufgegessen hatten, wurden sie gerettet. Aber da der Schwur immer noch gültig war, ließ sich der Arzt den Arm amputieren und schickte ihn seinen beiden Kollegen bei der Expedition.

Lösung zum Problem des Mannes, der das Essen probiert und sich erschiesst

Die Sache ist die, dass beide Personen mit einem Schiff, in dem die beiden sowie der Sohn von einem von ihnen fuhren, Schiffbruch erlitten hatten. Bei dem Unglück starb der Sohn. Als der Vater nun im Restaurant das Gericht probierte, das sie bestellt hatten (Albatros), merkte er, dass er diesen Geschmack noch nie gekostet hatte, und fand heraus, was geschehen war: Er hatte das Fleisch seines Sohnes gegessen und nicht das des Tieres (Albatros), wie man ihm immer glauben machen wollte.

Lösung zum Problem des Mannes, der herausfand, dass seine Frau gestorben war, als er die Treppe herunterging

Der Mann ging eine Treppe in einem Gebäude herunter, in dem sich ein Krankenhaus befand. Während er dies tat, fiel der Strom aus, und er wusste, dass es keinen Stromgenerator gab. Seine Frau hing an einem Gerät zur künstlichen Beatmung, das Strom benötigte, um sie am Leben zu halten. Sobald er merkte, dass der Strom ausgefallen war, implizierte dies zwangsläufig den Tod seiner Frau.

LÖSUNG ZUM PROBLEM DER FRAU, DIE STARB, ALS DIE
MUSIK AUSGING

Die Frau war eine Seiltänzerin im Zirkus, die auf einem
sehr stark gespannten Seil balancierte, das zwei Pfosten
mit einer Kabine in jeder Ecke verband. Wenn die Frau
mit einem Stab in ihren Händen und verbundenen Augen auf dem Seil war, hielt der Dirigent die Musik an als
Zeichen dafür, dass sie am Ziel war. Einmal erkrankte
der Dirigent und wurde durch einen anderen vertreten,
der den Hinweis nicht kannte. Das Orchester verstumm-
te vorher. Die Frau glaubte in Sicherheit zu sein und
machte eine unerwartete Bewegung. Sie fiel und starb,
als die Musik anhielt.

LÖSUNG ZUM PROBLEM DER SCHWESTER,
DIE DIE ANDERE TÖTET

Sie waren die beiden Letzten, die als Repräsentanten
der Familie verblieben waren. Eine der Schwestern hatte sich auf den ersten Blick in diesen Mann verliebt und
wusste nicht, wie sie ihn wieder treffen könnte. Es war
jedoch offensichtlich, dass er jemanden aus der Familie
kannte; deshalb war er zum Begräbnis der Mutter gekommen. Daher war die einzige Methode, ihn wiederzu-
sehen, ein neues Begräbnis. Und aus diesem Grund tötet
sie die Schwester.

8. *Lösung zum Problem der drei Lichtschalter*

Man muss Folgendes tun: Man stellt einen Lichtschalter
(egal welchen) auf die Position »ein« und wartet fünfzehn Minuten (nur um eine Vorstellung zu haben, nicht,

dass es so lange sein muss). Sobald die Zeit um ist, stellt man den Schalter, den man betätigt hatte, auf die Position »aus« und schaltet einen der anderen beiden ein. In diesem Moment geht man in das Zimmer.

Wenn das Licht brennt, weiß man, dass der Schalter, den man suchte, derjenige ist, den man als Zweites betätigte.

Wenn das Licht aus ist, aber die Lampe warm, bedeutet dies, dass der Schalter, der das Licht betätigt, der erste ist – den, den man fünfzehn Minuten in der Position »an« gelassen hatte (daher wollten wir eine bestimmte Zeit … damit die Birne ihre Temperatur erhöht).

Wenn schließlich die Glühbirne aus ist und man außerdem bei Berührung keinen Temperaturunterschied zur Umgebung bemerkt, bedeutet dies, dass der Schalter, der das Licht betätigt, der dritte ist – der, den man nie berührt hatte.

9. *Lösung zum Problem der 128 Teilnehmer an einem Tennisturnier*

Man gerät in Versuchung, die Zahl der Teilnehmer durch zwei zu teilen, womit 64 Matches für die erste Runde bleiben. Da die Hälfte von ihnen ausscheidet, bleiben nach diesen 64 Matches 64 Wettbewerber. Dann teilen wir diese wieder durch zwei, und wir haben 32 Matches. Und so weiter. Das Ergebnis wäre, dass man die Menge der Matches summieren muss, bis man zum Endspiel kommt.

Aber ich schlage Ihnen vor, das Problem auf andere Art anzugehen. Da es 128 Teilnehmer gibt, muss man ein Match verlieren, um auszuscheiden. Nur eins. Aber man muss es verlieren. Wenn es daher 128 Teilnehmer zu Beginn des Turniers gibt und am Ende einer übrig bleibt (der Sieger, der der *Einzige ist, der keines der Matches, die er gespielt hat, verloren hat*), bedeutet dies, dass die verbleibenden 127 *genau ein Match* verloren haben müssen, um auszuscheiden. Und da es jedes Mal *genau einen Gewinner und einen Verlierer* gibt, mussten *127 Matches* ausgetragen werden, damit alle ausscheiden und nur einer übrig bleibt: *der Einzige, der immer gewonnen hat.*

➜ **Fazit:** Es wurden genau 127 Matches gespielt.
Wenn wir die Rechnung auf die andere Weise gemacht hatten, wäre das Ergebnis (natürlich) dasselbe: 64 Matches in der ersten Runde, 32 danach, 16 im Sechzehntelfinale, 8 im Achtelfinale, 4 im Viertelfinale, zwei im Halbfinale und eines im Finale. Wenn man all diese Matches addiert:

$$64 + 32 + 16 + 8 + 4 + 2 + 1 = 127$$

Im Falle, dass es nur 128 Teilnehmer sind, ist es leicht zu addieren oder die Rechnung aufzustellen. Aber die vorhergehende Idee würde auch dann ihre Dienste tun, wenn es 1.024 Teilnehmer gegeben hätte. Die Zahl der zu spielenden Matches wäre dann 1.023.

10. *Lösung zum Problem in der Bar*

Jede Person kam mit 10 Pesos in der Tasche. Sie mussten die Rechnung von 25 Pesos bezahlen. Jeder legte seine 10 Pesos hin, und der Kellner nahm die 30 Pesos mit.

Als er wiederkam, brachte er 5 Scheine zu je einem Peso zurück. Jeder der Tischgenossen nahm sich einen Schein, dem Kellner gaben sie *zwei*.

Da jeder 9 Pesos beisteuerte (den Schein von 10, den er abgegeben hat, abzüglich des Scheins von einem Peso, den man ihm zurückgab), haben sie insgesamt 27 Pesos bezahlt. Und dies ist genau, was die Rechnung (25 Pesos) plus das Trinkgeld (2 Pesos) ausmacht!

Es ist nicht korrekt zu sagen, dass jeder 9 Pesos bezahlt hat (also insgesamt 27) plus die zwei Pesos Trinkgeld für den Kellner (die zu den 27 hinzugezählt 29 ergeben), weil sich die Rechnung plus das Trinkgeld eigentlich auf 27 beläuft, also genau das, was sie zu dritt bezahlt haben.

Wenn man die 9 Pesos, die jeder beigesteuert hat, mit drei multiplizieren will, und auf die 27 Pesos kommt, dann *ist das Trinkgeld bereits in der Rechnung enthalten.*

11. *Lösung zum Problem der Vorfahren*

Die Argumentation berücksichtigt nicht, dass jeder Vorfahre eine Menge Kinder und Enkel (um nicht von Ur- und Ururenkeln zu sprechen) haben konnte (und de facto hatte).

Zum Beispiel teilen meine Schwester Laura und ich uns dieselben Vorfahren: Beide haben wir dieselben Eltern, dieselben Großeltern, dieselben Urgroßeltern usw. Wenn die Entfernung jedoch »ein wenig« größer wird, wenn man zum Beispiel einen Cousin nimmt, ändert sich die Sache: Meine Cousine Lili und ich haben nur sechs verschiedene Großeltern (und nicht acht, wie es bei einer anderen Person wäre, die weder Cousin/e noch Bruder/Schwester ist).

Es ist wahr, dass ich vor 250 Jahren mehr als tausend Vorfahren hatte, aber es ist auch wahr, dass ich sie mit vielen anderen Leuten teile, die ich nicht einmal kenne. Zum Beispiel (und ich bitte Sie, einen »Stammbaum« zu machen, auch wenn Sie die Namen Ihrer Vorfahren nicht kennen): Wenn irgendeine Person und Sie einen *gemeinsamen Urgroßvater* hatten, dann sind 128 von Ihren 1.024 Ahnen auch die Ahnen des anderen. Rechnen Sie nach und stellen Sie fest, dass Sie exakt 128 Vorfahren miteinander teilen.

Diese Lage reduziert die Zahl natürlich *ungemein*, weil sie bewirkt, dass zwei Personen, die sich nicht kennen, ungeheuer viele gemeinsame Ahnen haben. Ich sage es noch einmal: Setzen Sie sich mit Papier und Stift hin und machen Sie eine »kleine Zeichnung«, um sich davon zu überzeugen. Man müsste auch bedenken, dass die 1.024 Vorfahren, die wir vor 250 Jahren hatten, vielleicht *nicht alle verschiedene waren*.

12. *Lösung zum Problem von Monty Hall*

Zu Beginn, wenn der Teilnehmer seine erste Wahl trifft, hat er eine Trefferchance von 1 zu 3. Das heißt, die Wahrscheinlichkeit, dass er das Auto bekommt, beträgt ein Drittel. Wenngleich es redundant erscheint, ist diese Tatsache doch wichtig: Der Finalist hat eine Chance von 1 zu 3, das Richtige zu treffen, und *zwei*, sich zu irren.

Was würden Sie in diesem Fall vorziehen? Zwei Tore zu haben oder nur eines? Natürlich würde man sich aussuchen, zwei zu haben und nicht eines. Wenn man sich dafür entschiede, nur eins zu haben, wäre man im Nachteil hinsichtlich der anderen beiden. Und wenn es einen anderen Teilnehmer gäbe und man ihn zwei aussuchen ließe, würden Sie sich im Nachteil fühlen. Wenn man diese Idee weiterspinnt, würde sich mit Sicherheit, wenn es einen anderen Teilnehmer gäbe, der die anderen zwei Tore für sich bekommen hat, hinter einem von ihnen eine Ziege befinden. Daher ist es keine Überraschung, dass der Moderator der Sendung ein Tor öffnet, hinter dem das Auto nicht ist.

Genau darin wurzelt der Grundgedanke des Problems. Es ist vorzuziehen, zwei Tore *zu haben* statt nur eines. Wenn man also die Möglichkeit bekommt zu tauschen, *sollte man es umgehend tun,* weil man die Chancen auf einen Treffer auf nicht weniger als das Doppelte erhöht. Denn man kann nicht ignorieren, dass das Problem mit drei Toren beginnt *und man eines von den dreien auswählt.*

Um uns noch gründlicher davon zu überzeugen (wenn es denn noch notwendig ist), betrachten wir nun ausführlich *alle Möglichkeiten.*

Dies sind die drei möglichen Konfigurationen:

	Tor 1	Tor 2	Tor 3
Position 1	Auto	Ziege	Ziege
Position 2	Ziege	Auto	Ziege
Position 3	Ziege	Ziege	Auto

Nehmen wir an, dass wir die Position 1 haben.

MÖGLICHKEIT 1: Sie wählen das Tor 1.
Der Moderator öffnet die 2.

Wenn Sie tauschen, VERLIEREN SIE.
Wenn Sie dabei bleiben, GEWINNEN SIE.

Es ist klar, dass das Ergebnis das gleiche wäre, wenn der Moderator das Tor 3 geöffnet hätte.

MÖGLICHKEIT 2: Sie wählen das Tor 2.
Der Moderator öffnet die 3.

Wenn Sie tauschen, GEWINNEN SIE.
Wenn Sie dabei bleiben, VERLIEREN SIE.

MÖGLICHKEIT 3: Sie wählen das Tor 3.
Der Moderator öffnet die 2.

Wenn Sie tauschen, GEWINNEN SIE.
Wenn Sie dabei bleiben, VERLIEREN SIE.

Zusammengefasst GEWINNEN Sie in zwei Fällen, wenn Sie tauschen, und Sie GEWINNEN nur einmal, wenn Sie dabei bleiben. Das heißt, SIE GEWINNEN in doppelt so vielen Fällen, wenn Sie tauschen. Dies scheint der »Intuition« zu widersprechen oder »gegen die Intuition zu verstoßen«, müsste Sie aber überzeugen. Sollte das nicht der Fall sein, schlage ich Ihnen vor, sich eine Weile mit einem Stift in der Hand hinzusetzen.
In jedem Fall ist eine andere Art und Weise, darüber nachzudenken, folgende. Nehmen wir an, dass es statt drei Toren eine Million Tore gäbe, und man lässt Sie ein

einziges auswählen (wie vorher). Natürlich befindet sich, wie vorher, nur hinter einem ein Auto. Um es noch deutlicher zu machen, nehmen wir an, dass es zwei Konkurrenten gibt: Sie und einen anderen. Einen lässt man ein einziges Tor wählen, und dem anderen gibt man die 999.999 übrigen. Ich brauche Sie nicht zu fragen, ob es Ihnen nicht gefallen würde, die Chance zu haben, der andere zu sein, da die Antwort offensichtlich wäre. Der *andere* hat 999.999 mehr Möglichkeiten zu gewinnen. Jetzt nehmen wir an, dass der Moderator der Sendung, wenn ein Tor gewählt ist, 999.998 der Tore des *anderen öffnet*, hinter denen, wie er weiß, das Auto *nicht ist*, und Ihnen nun die Chance gibt, von neuem zu wählen. Bleiben Sie bei dem, für das Sie sich anfangs entschieden hatten, oder nehmen Sie das, das *der andere* hat? Ich glaube, dass man jetzt (hoffe ich) besser versteht, dass es günstig ist zu tauschen. Auf jeden Fall bitte ich Sie zu überlegen, was für ein Aufwand es wäre, die oben stehende Tabelle zu erstellen – aber statt mit drei mit einer Million Toren.

13. *Lösung zum Problem der »Gullydeckel«*

Da diese Deckel aus sehr schwerem Metall (Eisen) bestehen und sehr dick sind, könnte sich ein Mensch schwer verletzen, wenn er in das Loch fallen würde, das sie abdecken. Die einzige »regelmäßige geometrische Form«, die verhindert, dass der Deckel egal in welcher Position »fällt«, sieht so aus, dass der Deckel rund ist. Wenn er zum Beispiel quadratisch wäre, könnte man ihn drehen, bis er in der Diagonale ist, und in diesem Fall würde er leicht durch das Loch fallen. Folglich ist die Antwort, dass sie aus Gründen der Sicherheit und Einfachheit rund sind.

14. *Lösung zum Problem des Einstein-Rätsels*

Meine Idee war, mit einer Nummerierung zu arbeiten:

1	2	3	4	5	Rot
1	2	3	4	5	Blau
1	2	3	4	5	Grün
1	2	3	4	5	Gelb
1	2	3	4	5	Weiß
1	2	3	4	5	Hund
1	2	3	4	5	Katze
1	2	3	4	5	Vogel
1	2	3	4	5	Pferd
1	2	3	4	5	Fisch
1	2	3	4	5	Pall Mall
1	2	3	4	5	Marlboro
1	2	3	4	5	Dunhill
1	2	3	4	5	Rothmanns
1	2	3	4	5	Winfield
1	2	3	4	5	Bier
1	2	3	4	5	Wasser
1	2	3	4	5	Milch
1	2	3	4	5	Tee
1	2	3	4	5	Kaffee

So kann man jeder Bedingung Zahlen zuweisen. Zum Beispiel: Da der Däne Tee trinkt, kann er nicht in der Mitte wohnen (weil man in dem Haus in der Mitte Wasser trinkt). Dies bedeutet folglich, dass man die Nummer 3 beim Dänen ausstreichen muss (weil Haus 3 das in der Mitte ist). Da der Deutsche Rothmanns raucht, bedeutet dies, dass der Norweger nicht zu Rothmanns gehört (der Norweger und der Deutsche können nicht dasselbe rauchen).

Da gelb = Dunhill und blau = 2, ist blau verschieden von Dunhill, das heißt, Dunhill kann nicht 2 sein (und man muss sie ausstreichen). Da Winfield = Bier, ist folglich Winfield ungleich 3. Da grün = Kaffee, gehört grün demnach nicht zu 3. Da Norweger = 1 und blau = Norweger + 1 = 2 und außerdem Brite = rot, ist der Brite demnach nicht 2. Da Brite = rot und da wir gesehen haben, dass der Brite weder 1 noch 2 sein kann, kann rot nicht 1 sein und auch nicht 2. Da Schwede = Hund und Schwede ungleich 1, ist also der Hund ungleich 1. Da Däne = Tee und Däne ungleich 1, ist Tee demnach verschieden von 1. Da grün = Kaffee und da grün weder 2 noch 3 noch 5 sein kann, kann folglich Kaffee weder 2 noch 3 noch 5 sein. Da Norweger = 1 und blau = Norweger + 1, ist also blau = 2. Da Marlboro = Wasser + oder −1 und da Wasser nicht 3 sein kann, gilt daher:

1. Wenn Wasser = 1, dann Marlboro = 2
2. Wenn Wasser = 2, dann Marlboro = 1 oder 3
3. Wenn Wasser = 4, dann Marlboro = 5 oder 3
4. Wenn Wasser = 5, dann Marlboro = 4

Auf der anderen Seite weiß man, dass:

grün kleiner ist als weiß
grün = Kaffee
Pall Mall = Vogel
Winfield = Bier
Marlboro = Wasser + oder −1
Rot = Brite
Schwede = Hund
Däne = Tee
Marlboro = Katze + oder −1
Pferd = Dunhill + oder −1
Deutscher = Rothmanns
Gelb = Dunhill

Ich habe all diese Bedingungen in die Tabellen eingetragen, die weiter oben stehen, sodass man sie vergleichen kann. Zum Beispiel:

Brite = rot (Daher muss die Linie des Briten die gleiche sein wie die von rot. Wenn es etwas gibt, das eines nicht sein kann, dann kann es das andere auch nicht sein und umgekehrt.)

Eine Analyse ergibt, dass grün 4 oder 1 sein kann. Aber wenn grün = 4, ist zwingend, dass weiß = 5, da grün kleiner als weiß ist …, und aufgrund dessen ergibt sich, dass rot = 3 und gelb = 1 …, womit folgende Situation entsteht (die sich schließlich als die richtige herausstellen wird):

Gelb = 1
Blau = 2
Rot = 3
Grün = 4
Weiß = 5

Eine weitere Analyse ergibt, dass Winfield 2 oder 5 sein kann. Wenn Winfield 2 ist: da Winfield = Bier, ist demnach Bier = 2, Tee = 5, Wasser = 1, aber die Hypothese 15 ergibt zwingend, dass Marlboro = Wasser + 1, weshalb Marlboro = 2.

Somit haben wir Winfield = 5, Bier = 5, Tee = 2. Aufgrund dessen muss Rothmanns = 4 sein, und dies impliziert, dass Pall Mall = 3, dann jedoch ergibt Pall Mall = 3 zwingend, dass Vogel = 3 und dann Pferd = 2 und demzufolge Schwede = 5. Von hier an entwirrt sich alles. Bis man zum endgültigen Ergebnis kommt:

Haus 1	Haus 2	Haus 3	Haus 4	Haus 5
gelb	blau	rot	grün	weiß
Katze	Pferd	Vogel	FISCH	Hund
Norweger	Däne	Brite	Deutscher	Schwede
Dunhill	Marlboro	Pall Mall	Rothmanns	Winfield
Wasser	Tee	Milch	Kaffee	Bier

15. *Lösung zum Kerzen-Problem*

Man nimmt eine Kerze und zündet sie *an beiden Enden* an. Gleichzeitig entflammt man die andere Kerze.

Wenn die erste Kerze schließlich verlischt, ist eine halbe Stunde vergangen. Das bedeutet, dass auch genau eine halbe Stunde bleibt, bis die zweite Kerze am Ende ausgeht. In diesem Moment entzündet man das andere Ende der zweiten Kerze.

In dem Augenblick, in dem diese zweite Kerze schließlich verlischt, sind genau fünfzehn Minuten vergangen, seit man mit der Prozedur begonnen hat.

16. *Lösung zum Problem der Hüte (1)*

Wie konnte C antworten, dass er einen weißen Hut hatte? C dachte im Stillen Folgendes. Er nahm an, dass er einen schwarzen Hut hatte. Und dann, mit der Begründung, die ich jetzt niederschreiben werde, merkte er, dass entweder A oder B *vor ihm die Farbe des Hutes hätten nennen können müssen*, wenn er einen schwarzen Hut aufhätte. Und wenn sie es nicht taten, dann muss der Hut, den er hat, weiß sein.

Seine Argumentationslinie war folgende: »Wenn ich einen schwarzen Hut habe, was geschah vorher? A konnte nicht antworten. Klar, A konnte nicht antworten, weil, als er sah, dass B einen weißen Hut hatte, es unerheblich gewesen wäre, dass ich (C) einen schwarzen hätte. Er (A) konnte nichts aus dieser Information schließen. Aber ... B schon! B bemerkte, dass A nicht antworten konnte, weil er sah, dass B einen weißen Hut hatte, denn sonst, wenn A gesehen hätte, dass *beide schwarze Hüte trugen*, hätte er gesagt, dass er einen weißen hatte. Aber er tat es nicht. Demnach musste A gesehen haben, dass B einen weißen trug. Aber B antwortete auch nicht! Auch er konnte nicht antworten.« Das heißt, B sah, dass C keinen schwarzen Hut trug.

Schlussfolgerung: Wenn C einen schwarzen Hut gehabt hätte, hätten A oder B *vorher in der Lage sein müssen zu antworten*. Keiner der beiden konnte es, beide mussten passen, weil C einen weißen Hut hatte.

17. *Lösung zum Problem der Hüte (2)*

Was muss man tun, um die Strategie der 50 % zu verbessern? Man tut Folgendes: Welche möglichen Verteilungen der Hüte gibt es? Tragen wir die acht Fälle in Spalten ein *(rechnen Sie nach, um sich davon zu überzeugen, dass es nur acht mögliche Alternativen gibt)*:

A	B	C	
weiß	weiß	weiß	
weiß	weiß	schwarz	
weiß	schwarz	weiß	
weiß	schwarz	schwarz	(*)
schwarz	weiß	weiß	
schwarz	weiß	schwarz	
schwarz	schwarz	weiß	
schwarz	schwarz	schwarz	

Die Strategie, die die drei aufstellen, ist folgende: »Wenn der Direktor einen von uns nach der Farbe des Hutes fragt, sehen wir die Hutfarben der anderen beiden an. Wenn sie die gleiche ist, nehmen wir das Gegenteil. Wenn sie verschieden sind, passen wir.«
Sehen wir uns an, was mit dieser Strategie geschieht. Dafür bitte ich Sie, dass wir die Tabelle in (*) analysieren.

	A	B	C	
1.	weiß	weiß	weiß	
2.	weiß	weiß	schwarz	
3.	weiß	schwarz	weiß	
4.	weiß	schwarz	schwarz	(*)
5.	schwarz	weiß	weiß	
6.	schwarz	weiß	schwarz	
7.	schwarz	schwarz	weiß	
8.	schwarz	schwarz	schwarz	

Schauen wir, bei welchen der acht Möglichkeiten die Antwort die Freiheit bringt (das heißt mindestens eine richtige und *keine falsche*). Im Fall (1) sagt A, wenn er zwei Hüte mit gleicher Farbe sieht (weiß in diesem Fall), schwarz. Und sie verlieren. Dies ist eine *Verlierer*option. Im Fall (2) passt A, wenn er verschiedene Farben erblickt. B, wenn er verschiedene erkennt, passt ebenfalls. Aber C, da er sieht, dass A und B weiße Hüte haben, sagt *schwarz, und sie gewinnen*. Dies ist die *Gewinner*-option. Im Fall (3) sieht A verschiedene Farben und passt. B hat zwei gleiche Farben vor sich (weiß bei A und C), daher nimmt er das Gegenteil und *gewinnt*. Dies ist eine *Gewinner*option. Im Fall (4) wählt A, wenn er gleichfarbige Hüte sieht (schwarz und schwarz), das Gegenteil und *gewinnt auch*. Dies ist eine *Gewinner*option. Jetzt, glaube ich, kann ich schneller vorgehen: Im Fall (5) *gewinnt* A, weil er schwarz sagt, und die anderen beiden *passen*. Dies ist eine *Gewinner*option. Im Fall (6) *passt* A, aber B sagt weiß (da er sieht, dass A und C schwarz haben). Und dies ist *auch eine Gewinneroption*.

Im Fall (7) *passt* A, B *passt auch,* und C sagt weiß und *gewinnt*, denn sowohl A als auch B haben dieselbe Farbe. Dies ist eine *Gewinner*option. Schließlich der Fall (8): A *verliert*, weil er sieht, dass B und C dieselbe Hutfarbe haben (schwarz), und er das Gegenteil wählt (weiß) und damit *verliert*. Dies ist eine *Verlierer*option.

Wenn man sich die Aufstellung der acht möglichen Fälle ansieht, erlaubt die Strategie, *in sechs Fällen das Richtige zu treffen*. Daher ist die Erfolgswahrscheinlichkeit 3/4, um die 75 %, was die ursprüngliche Strategie deutlich verbessert.

18. *Lösung zum Problem der interplanetaren Botschaft*

K	repräsentiert	+ (Summe)
L	"	= (Gleichheit)
M	"	– (Minus)
N	"	0 (Null)
P	"	x (Produkt)
Q	"	÷ (Division)
R	"	hoch … nehmen (Potenz)
S	"	100 (hundert)
T	"	1.000 (tausend)
U	"	0,1 (ein Zehntel)
V	"	0,01 (ein Hundertstel)
W	"	, (Komma oder Dezimalzahl)
Y	"	ungefähr gleich
Z	"	π
A	"	Zahl 1
B	"	Zahl 2
C	"	Zahl 3
D	"	Zahl 4
E	"	Zahl 5
F	"	Zahl 6
G	"	Zahl 7
H	"	Zahl 8
I	"	Zahl 9
J	"	Zahl 10

Botschaft: $(4/3)\,\pi\,(0{,}0092)^3$

In diesem Fall ist die Botschaft in einem Code verfasst, der von dem Wesen, das sie lesen wird, nur erwartet, dass es »intelligent« genug ist, um die zugrunde liegende Logik zu verstehen. Das heißt: Wer sie liest, braucht keinen Buchstaben, keine Zahl, kein Symbol zu kennen. Sie wurden benutzt, damit derjenige, der die Botschaft verfasste, sie bequem schreiben konnte, aber man hätte auch jegliche andere Symbolik nehmen können.

Nachdem dies einmal geklärt ist, lautet die Botschaft:

$$(4/3)\,\pi\,(0{,}0092)^3$$

Was man hier hinzufügen muss: Das Volumen einer Sphäre ist $(4/3)\,\pi r^3$, wobei r der Radius der Sphäre ist. Und die Gültigkeit dieser Formel ist unabhängig davon, wer sie liest. Außerdem wird die Konstante π oder Pi benutzt, deren Gültigkeit auch nicht von der Schrift abhängt, sondern eine Konstante ist, die sich aus dem Quotienten aus Umfang und Durchmesser eines Kreises ergibt.

Doch: Was bedeutet 0,0092?

Das Ziel dieser Botschaft ist, demjenigen, der sie liest, mitzuteilen, dass sie von der Erde aus gesandt wurde. Wie könnte man ihm diese Botschaft vermitteln? Die Erde hat einen Durchmesser von ungefähr 12.750 Kilometern. Doch sobald diese Zahl auftaucht (sei es in Meilen oder dem Äquivalent in Kilometern), stellt sich ein Problem, denn derjenige, der sie liest, verfügt nicht über die Konvention, was eine Meile oder ein Kilometer oder was auch immer ist. Man musste ihm etwas mitteilen, ohne dabei ein Maß zu verwenden. Wie geht das?

Dann überlegen Sie: Wenn jemand einem anderen Wesen den Durchmesser der Erde oder der Sonne mitteilen will, muss er eine Maßeinheit verwenden. Wenn es ihm hingegen nur wichtig ist, ihm von dem Verhältnis zwischen beiden zu berichten, genügt es, ihm zu sagen, was der Quotient aus beiden ist. Und *diese Zahl ist in der Tat eine Konstante*, unabhängig von der Einheit, die man benutzt, um sie zu messen.

Genau das ist es, was die Botschaft tut: Sie nimmt den Durchmesser der Erde und teilt ihn durch den Durchmesser der Sonne (1.392.000 Kilometer). (Es handelt sich natürlich bei allen um ungefähre Angaben.) Dieser Quotient beträgt ca. 0,0092, die Zahl, die in der Botschaft auftaucht (tatsächlich ist der Quotient 0,00911034...).

Wenn man nunmehr die Quotienten aus den Durchmessern aller anderen Planeten und dem Durchmesser der Sonne bildet, ist die einzige Zahl, die der obigen ähnlich ist, die der Erde. Auf diese Weise ist die Botschaft klar: Sie sagt ihm, dass wir sie von hier aus schicken!

19. *Lösung zum Problem der fehlenden Zahl (in Intelligenztests)*

Die Zahl, die fehlt, ist 215. Betrachten Sie die Zahlen in der ersten und dritten Spalte der ersten Reihe: 54 und 36. Die Summe der beiden äußeren Zahlen (5 + 6) = 11. Die Summe der beiden inneren (4 + 3) = 7.

Auf diese Weise erhält man die Zahl 117: indem man die Summe der beiden äußeren mit der der beiden inneren verbindet.

Gehen wir nun zur zweiten Reihe und machen wir die gleiche Übung. Die beiden Zahlen der ersten und dritten Spalte sind: 72 und 28. Die Summe der beiden äußeren (7 + 8) = 15 und die der beiden inneren (2 + 2) = 4. Daher ist die Zahl, die in der Mitte steht, 154.

Wenn man mit der dritten Reihe fortfährt, hat man 39 und 42. Die Summe der beiden äußeren Zahlen (3 + 2) = 5, die Summe der beiden inneren (9 + 4) = 13. Demnach steht in der Mitte 513.

Schließlich ergeben nach diesem Muster, wenn man die Zahlen 18 und 71 hat, die beiden äußeren (1 + 1) = 2. Und die beiden inneren (8 + 7) = 15. Korollarium: Die Zahl, die fehlt, ist 215.

Anhang

Binäre Reihen

1	33	65	97	129	161	193	225
3	35	67	99	131	163	195	227
5	37	69	101	133	165	197	229
7	39	71	103	135	167	199	231
9	41	73	105	137	169	201	233
11	43	75	107	139	171	203	231
13	45	77	109	141	173	205	237
15	47	79	111	143	175	207	239
17	49	81	113	145	177	209	214
19	51	83	115	147	179	211	243
21	53	85	117	149	181	213	245
23	55	87	119	151	183	215	247
25	57	89	121	153	185	217	249
27	59	91	123	155	187	219	251
29	61	93	125	157	189	221	253
31	63	95	127	159	191	223	255

2	34	66	98	130	162	194	226
3	35	67	99	131	163	195	227
6	38	70	102	134	166	198	230
7	39	71	103	135	167	199	231
10	42	74	106	138	170	202	234
11	43	75	107	139	171	203	235
14	46	78	110	142	174	206	235
15	47	79	111	143	175	207	239
18	50	82	114	146	178	210	242
19	51	83	115	147	179	211	243
22	54	86	118	150	182	214	246
23	55	87	119	151	183	215	247
26	58	90	122	154	186	218	250
27	59	91	123	155	187	219	251
30	62	94	126	158	190	222	254
31	63	95	127	159	191	223	255

4	36	68	100	132	164	196	228
5	37	69	101	133	165	197	229
6	38	70	102	134	166	198	230
7	39	71	103	135	167	199	231
12	44	76	108	140	172	204	236
13	45	77	109	141	173	205	237
14	46	78	110	142	174	206	238
15	47	79	111	143	175	207	239
20	52	84	116	148	180	212	244
21	53	85	117	149	181	213	245
22	54	86	118	150	182	214	246
23	55	87	119	151	183	215	247
28	60	92	124	156	188	220	252
29	61	93	125	157	189	221	253
30	62	94	126	158	190	222	254
31	63	95	127	159	191	223	255

8	40	72	104	136	168	200	228
9	41	73	105	137	169	201	233
10	42	74	106	138	170	202	234
11	43	75	107	139	171	203	235
12	44	76	108	140	172	204	236
13	45	77	109	141	173	205	237
14	46	78	110	142	174	206	238
15	47	79	111	143	175	207	239
24	56	88	120	152	184	216	248
25	57	89	121	153	185	217	249
26	58	90	122	154	186	218	250
27	59	91	123	155	187	219	251
28	60	92	124	156	188	220	252
29	61	93	125	157	189	221	253
30	62	94	126	158	190	222	254
31	63	95	127	159	191	223	255

16	48	80	112	144	176	208	240
17	49	81	113	145	177	209	241
18	50	82	114	146	178	210	242
19	51	83	115	147	179	211	243
20	52	84	116	148	180	212	244
21	53	85	117	149	181	213	245
22	54	86	118	150	182	214	246
23	55	87	119	151	183	215	247
24	56	88	120	152	184	216	248
25	57	89	121	153	185	217	249
26	58	90	122	154	186	218	250
27	59	91	123	155	187	219	251
28	60	92	124	156	188	220	252
29	61	93	125	157	189	221	253
30	62	94	126	158	190	222	254
31	63	95	127	159	191	223	255

32	48	96	112	160	176	224	240
33	49	97	113	161	177	225	241
34	50	98	114	162	178	226	242
35	51	99	115	163	179	227	243
36	52	100	116	164	180	228	244
37	53	101	117	165	181	229	245
38	54	102	118	166	182	230	246
39	55	103	119	167	183	231	247
40	56	104	120	168	184	232	248
41	57	105	121	169	185	233	249
42	58	106	122	170	186	234	250
43	59	107	123	171	187	235	251
44	60	108	124	172	188	236	252
45	61	109	125	173	189	237	253
46	62	110	126	174	190	238	254
47	63	111	127	175	191	239	255

64	80	96	112	192	208	224	240
65	81	97	113	193	209	225	241
66	82	98	114	194	210	226	242
67	83	99	115	195	211	227	243
68	84	100	116	196	212	228	244
69	85	101	117	197	213	229	245
70	86	102	118	198	214	230	246
71	87	103	119	199	215	231	247
72	88	104	120	200	216	232	248
73	89	105	121	201	217	233	249
74	90	106	122	202	218	234	250
75	91	107	123	203	219	235	251
76	92	108	124	204	220	236	252
77	93	109	125	205	221	237	253
78	94	110	126	206	222	238	254
79	95	111	127	207	223	239	255

128	144	160	176	192	208	224	240
129	145	161	177	193	209	225	241
130	146	162	178	194	210	226	242
131	147	163	179	195	211	227	243
132	148	164	180	196	212	228	244
133	149	165	181	197	213	229	245
134	150	166	182	198	214	230	246
135	151	167	183	199	215	231	247
136	152	168	184	200	216	232	248
137	153	169	185	201	217	233	249
138	154	170	186	202	218	234	250
139	155	171	187	203	219	235	251
140	156	172	188	204	220	236	252
141	157	173	189	205	221	237	253
142	158	174	190	206	222	238	254
143	159	175	191	207	223	239	255

Hier dreht sich alles um das Gedächtnis

Wie man sein logisches Denkvermögen in Hochform bringt

»Eine spielerische Denk-Reise« **VDI-Nachrichten**

978-3-453-61502-1

Arthur Benjamin,
Michael Shermer
Mathe-Magie
Verblüffende Tricks für
blitzschnelles Kopfrechnen
und ein phänomenales
Zahlengedächtnis
978-3-453-61502-1

Christiane Stenger
*Warum fällt das Schaf
vom Baum?*
Gedächtnistraining mit der
Jugendweltmeisterin
978-3-453-68511-6